现代农业气象业务服务丛书

现代农业气象服务手册

刘荣花　赵国强　主编

气象出版社
China Meteorological Press

内容简介

本书主要介绍了小麦、玉米、水稻、夏大豆、棉花等粮棉作物和芝麻、西瓜、牡丹、烟叶、怀山药、信阳毛尖茶、苹果、大枣、桃树等特色经济作物的生育期气象条件与各阶段田间管理重点、生育期主要农业气象灾害和防御措施及主要病虫害和防御技术等。

本书既可作为基层农业气象技术人员开展日常农业气象服务的实践指导手册，也可作为科研、业务管理以及教育培训人员了解现代农业气象服务发展的参考书。

图书在版编目(CIP)数据

现代农业气象服务手册/刘荣花，赵国强主编．
北京：气象出版社，2014.4（2024.7 重印）
（现代农业气象业务服务丛书）
ISBN 978-7-5029-5679-0

Ⅰ.①现… Ⅱ.①刘… ②赵… Ⅲ.①农业气象-气象服务-河南省-手册 Ⅳ.①S16-62

中国版本图书馆 CIP 数据核字(2013)第 031870 号

出版发行：气象出版社
地　　址：北京市海淀区中关村南大街 46 号　　**邮政编码**：100081
电　　话：010-68407112(总编室)　010-68408042(发行部)
网　　址：http://www.qxcbs.com　　**E-mail**：qxcbs@cma.gov.cn
责任编辑：崔晓军　刘燕辉　黄海燕　　**终　　审**：周诗健
封面设计：博雅思企划　　**责任技编**：吴庭芳
印　　刷：三河市君旺印务有限公司
开　　本：787 mm×1092 mm　1/16　　**印　　张**：10
字　　数：282 千字　　**彩　　插**：8
版　　次：2014 年 4 月第 1 版　　**印　　次**：2024 年 7 月第 3 次印刷
定　　价：55.00 元

本书编写组

主　编： 刘荣花　赵国强

副主编： 薛昌颖　方文松　陈怀亮　马青荣

编　委：（按姓氏笔画排列）

马志红　王二虎　王宇翔　王洪涛　白改成
付祥建　冉献忠　成　林　刘伟昌　刘学义
闫小珍　闫伟杰　孙钢锁　李树岩　杨光仙
杨海鹰　杨慧洁　吴　骞　余卫东　张　弘
张大飞　张志红　张惠霞　陈爱琴　武建华
郑　伟　赵　辉　赵巧梅　查菲娜

序

现代农业是继原始农业、传统农业之后的一个农业发展新阶段。伴随着科学技术的发展，农业生产技术已经由经验探索逐步转向科学实践，农业生产也逐步呈现出科学化、集约化、产业化、商品化等趋势。现代农业的发展对气象为农服务工作提出了新的要求，2010年中央一号文件明确提出要“健全农业气象服务体系和农村气象灾害防御体系”（即“两个体系”）的要求。为贯彻落实中央一号文件精神，中国气象局制定并下发了《中国气象局关于加强农业气象服务体系建设的指导意见》（气发〔2010〕92号）和《中国气象局关于加强农村气象灾害防御体系建设的指导意见》（气发〔2010〕93号），其中，明确**将建设专业化的农业气象监测预报预警技术系统、开展富有地方特色的现代农业气象服务、强化保障粮食安全的气象防灾减灾服务和加强农业适应气候变化的决策服务等作为新时期气象为现代农业发展服务的主要任务。**从2009年开始，中国气象局在部分省级气象部门开展了农业气象服务体系建设的试点，探索气象为现代农业发展服务的新途径，通过以点带面，推动了全国范围气象为现代农业服务工作的广泛开展和农业气象服务能力的显著提升。

河南省是中国气象局现代农业气象服务体系建设的第一个试点省。经过三年多的试点建设，河南省气象部门强化以科研支撑农业气象业务服务发展，从业务组织、综合观测、专业技术、信息服务、科技支撑和人才保障等六个方面推进现代农业气象服务体系建设，探索形成了“三级业务、五级服务、六大体系支撑、服务业务科研一体化发展”的农业气象业务服务布局，以观测自动化、预报精细化、评估定量化、服务专业化等为主要特征的现代农业气象业务服务体系在河南初步形成，气象为农服务的科技内涵日益丰富，业务能力和服务水平明显提升，极大地促进了传统农业气象服务向现代农业气象服务的转变，为河南省的现代农业发展，以及粮食产量连年增产和连创新高提供了准确、及时、富有成效的气象保障。

河南省的农业气象科研具有多年形成的良好基础，也有一支高素质的农业气象专家队伍。近年来，在现代农业气象服务体系建设的试点中，河南的农业气象专家和科技骨干进一步加强面向需求的农业气象应用研发，积极推进科研成果向业务应用的转化，积累形成了一批应用研究和技术开发成果。以此为基础，河南省气象局总结凝练，编撰了《现代农业气象业务服务丛书》，包括《现代农业气象业务服务实践》、《现代农业气象服务手册》、《现代农业气象观测技术方法》等系列图书，这是河南省气象部门实施中国气象局现代农业气象业务服务试点工作结出的硕果。

该系列图书内容涵盖了河南省现代农业气象的新技术、新业务，以及面向多领域的农业气象服务实践，既可作为基层农业气象技术人员日常开展农业气象服务的实践指导手册，也可作为科研、业务管理，以及教育培训人员了解现代农业气象服务发展的参考书。

我衷心希望河南省的现代农业气象服务体系建设能持之以恒，不断发展。

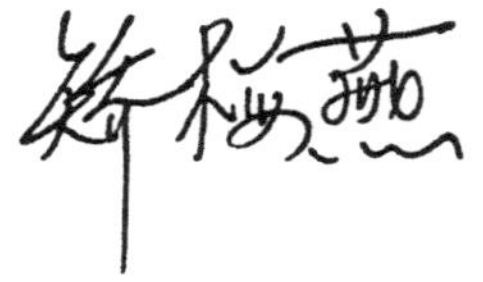

（中国气象局副局长　矫梅燕）

前　言

发展现代农业气象业务是中国气象局党组贯彻落实科学发展观，面向民生、面向生产、面向决策，充分发挥气象服务的职能和作用而提出的重大战略任务。发展现代农业气象业务的宗旨是提高整体服务水平，发挥总体效益，切实增强防灾减灾、新农村建社、粮食安全以及应对气候变化的能力，为国民经济、社会发展和人民福祉提供更加优质的气象服务。河南是农业大省，多年来，全省气象部门围绕现代农业发展，服务于“三农”工作需要，做出了突出贡献，充分发挥了气象事业对农业的支撑和保障作用。2009年中国气象局决定在河南开展现代农业气象业务服务试点工作，希望通过河南的试点，为发展现代农业气象业务服务探索路子、积累经验，全面提升现代农业气象业务能力和服务水平，实现传统农业气象向现代农业气象的转变。

为配合河南省现代农业气象业务服务试点工作的顺利开展，提高基层农业气象业务服务人员的专业技术水平和服务能力，在我省农业气象多年研究的基础上，查阅了大量参考文献，编写了《现代农业气象服务手册》。该书针对河南省农业气候资源和农业生产特点，介绍了河南省小麦、玉米、水稻、夏大豆、棉花等粮棉作物，以及当地主要特色作物芝麻、西瓜、牡丹、烟叶、怀山药、信阳毛尖茶、苹果、大枣、桃树等生长发育所需的气象条件、生育期间可能发生的主要农业气象灾害和病虫害以及相应的防御措施，可为各地农业气象业务服务人员有针对性地开展农业气象业务服务工作提供参考。

本书涉及的作物种类较多，编写过程得到了河南省各级气象部门的大力协助。河南省气象局应急与减灾处负责组织全省各级气象部门参与本书的编写，市(县)气象局负责相关章节初稿的编写并提供编写素材，河南省气象科学研究所负责组织专家小组对初稿进行筛选、编辑及对送审稿进行反复修订等。书中小麦和玉米两章的初稿由河南省气象科学研究所负责起草，水稻和信阳毛尖茶两章的初稿由信阳农业气象试验站负责起草，夏大豆、棉花、芝麻、西瓜、牡丹、烟叶、怀山药、苹果、大枣和桃树特色类作物章节初稿分别由商丘市气象局、鹿邑县气象局、驻马店市气象局、开封市气象局、洛阳市气象局、许昌市气象局、焦作市气象局、三门峡市气象局、新郑市气象局和卫辉市气象局负责起草，河南省气象科学研究所负责全书的统稿工作。河南省气象科学研究所杨海鹰和付祥建对各章节的初稿进行了认真的校对和文字编辑，商丘市气象局冉献忠、驻马店市气象局武建华、信阳市农业气象试验站吴骞、周口市鹿邑县气象局王洪涛等农业气象专家全程参与了本书稿的各次修改工作，为本书的编写出版做出了重要的贡献。在此，向参与支持本书编写工作的各位同志和所在单位一并表示衷心的感谢！同时，也向在百忙之中为本书作序的中国气象局矫梅燕副局长表示衷心的感谢！

全书由刘荣花、赵国强策划，薛昌颖、方文松统稿。本书共分14章，各章初稿主要编写者如下：

第1章　小麦：成林、方文松、李树岩

第2章　玉米：杨光仙、马青荣、张志红

第3章　水稻：吴骞、赵辉、薛昌颖

第4章　夏大豆：冉献忠

第5章　棉花：王洪涛、刘学义

第6章　芝麻：陈爱琴

第7章　西瓜：王二虎

第8章　牡丹：白改成

第9章　烟叶：赵巧梅

第10章　怀山药：闫小珍

第11章　信阳毛尖茶：吴骞、赵辉、杨慧洁

第12章　苹果：孙钢锁、张大飞、郑伟

第13章　大枣：闫伟杰、查菲娜

第14章　桃树：张惠霞

由于编者水平有限，本书难免有不足之处，敬请广大读者和同行专家批评指正。

编著者

目 录

序
前言
第1章 小麦…… (1)
1.1 小麦生育期气象条件与田间管理 …… (2)
1.2 冬小麦主要农业气象灾害及防御措施 …… (8)
1.3 小麦主要病虫害及防治措施…… (14)
参考文献 …… (19)
第2章 玉米 …… (21)
2.1 玉米生育期气象条件及管理措施…… (21)
2.2 玉米主要农业气象灾害及防御措施…… (25)
2.3 玉米生育期主要病虫害及防治措施…… (26)
参考文献 …… (30)
第3章 水稻 …… (31)
3.1 河南省水稻种植气候区划…… (31)
3.2 沿淮地区水稻全生育期气象条件…… (32)
3.3 水稻各生育期气象条件及田间管理…… (33)
3.4 水稻主要农业气象灾害及防御措施…… (37)
3.5 水稻主要病虫害及防治措施…… (40)
参考文献 …… (47)
第4章 夏大豆 …… (48)
4.1 夏大豆生育期气象条件及田间管理…… (49)
4.2 夏大豆主要气象灾害及防御技术…… (54)
4.3 夏大豆病虫害及防治措施…… (55)
参考文献 …… (60)
第5章 棉花 …… (61)
5.1 棉花生育期气象条件及管理措施…… (62)
5.2 棉花主要农业气象灾害及防御措施…… (67)
5.3 棉花主要病虫害及防治措施…… (69)
参考文献 …… (74)
第6章 芝麻 …… (75)
6.1 芝麻生育期气象条件及管理措施…… (75)
6.2 芝麻主要病虫害及防治措施…… (77)

参考文献 …………………………………………………………………………（80）
第 7 章 西瓜 ………………………………………………………………………（81）
7.1 西瓜生育期气象条件及田间管理…………………………………………（81）
7.2 西瓜主要农业气象灾害及防御措施………………………………………（83）
7.3 西瓜主要病虫害及防治措施………………………………………………（84）
参考文献 …………………………………………………………………………（86）
第 8 章 牡丹 ………………………………………………………………………（87）
8.1 牡丹物候期气象条件及管理措施…………………………………………（87）
8.2 牡丹主要农业气象灾害……………………………………………………（89）
8.3 牡丹花期调整的栽培技术…………………………………………………（89）
8.4 牡丹主要病虫害及防治措施………………………………………………（90）
参考文献 …………………………………………………………………………（92）
第 9 章 烟叶 ………………………………………………………………………（93）
9.1 烟叶生育期气象条件及管理措施…………………………………………（93）
9.2 烟叶主要农业气象灾害及防御措施………………………………………（96）
9.3 烟叶主要病虫害及防治措施………………………………………………（97）
参考文献 …………………………………………………………………………（99）
第 10 章 怀山药 …………………………………………………………………（100）
10.1 怀山药生育期气象条件及管理措施……………………………………（100）
10.2 怀山药主要农业气象灾害及防御措施…………………………………（102）
10.3 怀山药主要病虫害及防治措施…………………………………………（103）
参考文献……………………………………………………………………………（107）
第 11 章 信阳毛尖茶 ……………………………………………………………（108）
11.1 茶树物候期………………………………………………………………（108）
11.2 气象因素对茶树生长发育的影响………………………………………（110）
11.3 周年管理…………………………………………………………………（112）
11.4 茶树主要农业气象灾害及防御措施……………………………………（114）
11.5 茶树主要病虫害及防治措施……………………………………………（116）
参考文献……………………………………………………………………………（121）
第 12 章 苹果 ……………………………………………………………………（122）
12.1 苹果物候期气象条件与管理措施………………………………………（122）
12.2 苹果物候期主要农业气象灾害及防御措施……………………………（126）
12.3 苹果物候期主要病虫害及防治措施……………………………………（128）
参考文献……………………………………………………………………………（133）
第 13 章 大枣 ……………………………………………………………………（134）
13.1 枣树物候期气象条件……………………………………………………（135）
13.2 枣树物候期气象灾害及防御措施………………………………………（136）
13.3 枣树物候期病虫害及防治措施…………………………………………（138）
参考文献……………………………………………………………………………（139）

第 14 章　桃树 ……………………………………………………………… (140)
14.1　桃树物候期气象条件与管理措施……………………………………… (140)
14.2　桃树物候期农业气象灾害及防御措施………………………………… (143)
14.3　桃树物候期主要病虫害及防治措施…………………………………… (144)
参考文献…………………………………………………………………………… (148)

第1章　小　麦

河南省是我国小麦主产区和商品粮基地之一，常年小麦种植面积约为490万hm^2，占全国小麦总种植面积的20%以上；小麦总产量占全国小麦总产量的25%以上，每年向市场提供的商品小麦占全国的25%～30%，均居全国第一。近几年，河南省小麦种植面积占粮食作物面积的比例，已由过去的38%上升到55%；小麦总产量占粮食作物总产量的比例也由过去的35%上升到60%。因此，河南省小麦产量高低直接关系到全省社会经济发展和人民生活水平的提高。

河南省小麦生产不仅种植面积和产量持续快速增长，小麦的品种和品质结构也不断优化，实现了我国小麦发展史上的三个历史性突破，即食用小麦首次出口，郑州小麦首次列入路透社全球小麦报价单，优质强筋小麦首次在郑州商品交易所成功挂牌上市交易。

小麦的产量和品质特性是品种基因类型和环境生态条件综合作用的结果。河南省位于北纬31°23′～36°22′，东经110°21′～116°39′，气候属于北亚热带向暖温带过渡类型，小麦生育期内光、热、水的主要特征是：

(1)光照资源丰富

河南省小麦生育期间(10月至翌年6月上旬)，太阳辐射总量约2400～3100 MJ/m^2，占年太阳总辐射量的57%～60%，东北、西南部多，西部、东南部少；光合有效辐射为1170～1520 MJ/m^2。全生育期日照时数，除淮河以南、南阳盆地及山区稍低于1300 h外，其他地区多在1300～1600 h之间，占年日照时数的60%左右，光照充足。

(2)热量充足，温度适宜

热量是农作物生长发育及产量和品质形成的基本条件。冬小麦全生育期需要≥0 ℃的活动积温1800～2200 ℃·d。除西部山区≥0 ℃积温少于2000 ℃·d外，其他地区均在2000～2650 ℃·d之间，完全可以满足冬小麦生长发育的需求。但是由于气温年际变率大，秋冬降温幅度和早晚不同，春季气温一般上升较快，5月下旬高温多风，少数年份3—4月有晚霜冻，对小麦高产稳产有一定影响。

全省1月份平均气温在－2.5～2.5 ℃之间，西部山区和东北部偏低，淮河以南和南阳盆地偏高。0 ℃等温线通过卢氏—洛宁—新安—孟津—博爱—武陟—中牟—尉氏—睢县—夏邑—永城一线。0 ℃等温线以北、以西的麦区宜种植弱冬性品种，1 ℃线以南地区宜种植春性品种，0 ℃线和1 ℃线之间是春性和弱冬性品种的混杂区。

(3)降水分布不均，年际变化较大

河南省冬小麦生长发育期内受季风影响，降水量年际变化较大，常有旱涝发生，降水量最多达416 mm、最少仅有179 mm。而且各地降水量分布也不均匀，南多北少，差异明显，从东南向西北递减。小麦生育期内降水量，黄河以北地区小于200 mm，人工灌溉十分必要；淮河以南地区大于 400 mm，小麦常受湿害；黄淮之间多为 200～400 mm，其中南阳、驻马店部分地区为 300～400 mm，降水量比较适中。

河南省地势西高东低，横跨第二级地貌台阶和第三级地貌台阶，包括山地、丘陵、平原、盆地四大地貌类型，其中海拔 200 m 以下的平原、盆地占 59.8%，海拔 500 m 以上的山地占 18.7%，丘陵岗地占 21.5%。地貌单元之间具有明显的“渐变”性过渡特征。由于气候南北过渡和地貌东西过渡，形成不同的小麦生态类型区。

根据生态因素、经济因素和技术因素，把全省划分成 5 个麦区，其中Ⅰ区因面积较大，依据降水、土壤因子差异，又划分成 3 个亚区(I_1,I_2,I_3)：

Ⅰ区：豫北豫中东黄淮海平原、半干旱半湿润气候、强筋中筋麦适宜区。

I_1：豫西北山前平原、灌溉、强筋中筋麦高产再高产区。

I_2：沿黄两侧平原、灌溉、强筋中筋麦中产区。

I_3：豫中和东部平原、半雨养、中筋强筋麦中产变高产区。

Ⅱ区：淮北平原与南阳盆地、半湿润气候、中筋麦适宜与强筋麦次适宜区。

Ⅲ区：淮南丘陵、温热湿润气候、强筋中筋麦低产变中产区。

Ⅳ区：豫西黄土与红土丘陵、旱地、强筋中筋麦低产变中产区。

Ⅴ区：伏牛、太行山地麦区。该区小麦面积很小，所收小麦仅供农民食用，商品率很低。在某些山谷或河川地也有较高产量，但所占比例很小。

1.1　小麦生育期气象条件与田间管理

1.1.1　播种—出苗期

(1)适宜气象条件

1)适宜播种的温度指标为日平均气温 15～20 ℃。河南省自北向南日平均气温≥15 ℃终日，平均在 9 月下旬到 10 月上中旬之间。其中，黄河以北、郑州西部和洛阳东部地区日平均气温≥15 ℃的终日在 9 月下旬到 10 月上旬之间，其他地区则在 10 月中旬。

2)种子发芽的最低温度为 1～2 ℃，最适温度为 15～20 ℃，最高温度为 35～40 ℃。一般种子萌动至出苗需 110～120 ℃ · d 积温，播种后 7 d 左右出苗较为适宜。

3)小麦根系生长的最适温度为 16～20 ℃，最低温度为 2 ℃。

4)播种时要求土壤相对湿度为 65%～80%。在适宜的土壤水分下，小麦不仅出苗快、出苗齐，而且能促进冬前分蘖。

5)种子萌发需要足够的氧气。耕作过的麦田，通常土壤中的氧气能够满足种子萌发出苗的需要。

(2)不利气象条件

1)日平均气温低于 3 ℃播种，一般年前不能出苗；日平均气温低于 10 ℃播种，冬前积温不足 350 ℃ · d，一般无冬前分蘖；日平均气温高于 20 ℃播种，常使低位蘖缺失，并引起穗发育，不利于安全越冬；日平均气温超过 30 ℃播种，则根系生长受到抑制。

2)土壤相对湿度＞85%或地表板结时，往往因缺乏氧气而影响种子萌发，甚至导致种子霉烂，即使勉强萌发，长势也很弱；土壤相对湿度＜60%，土壤水分不足，不利于小麦出苗，即使勉强出苗根也易早衰。

(3)田间管理

1)播前准备

①精细整地。为保证种子萌发时有充足的氧气,小麦播种前整地要达到深、净、细、实、平的标准。秋作物收获后要及时深耕、耙地保墒。

②选择品种。9月底、10月初,根据年、季气候预测结果,选用合适的耐旱品种和冬春性品种。灌溉条件好的地区或地下水位较浅的地区则可选用水肥需求量大的高产小麦品种。

③浇足底墒水。土地翻耕前如果土壤相对湿度<80%,且未来一段时间无明显降水,则有条件的地区就应灌溉底墒水,使100 cm土层土壤相对湿度达到85%以上。充足的底墒能使100 cm深土层有效蓄水达到200 mm以上,可满足冬小麦全生育期约45%~53%的耗水需求。

④秸秆还田。9月份玉米收获后,利用秸秆粉碎机直接将玉米秸秆粉碎成1~10 cm的小段进行还田。

⑤培肥地力。具体措施是:第一,增施有机肥,改善土壤团粒结构,提高土壤保水性能。第二是增施磷肥,达到以磷促水、以根调水的目的。同时,由于粉碎还田的秸秆在腐烂过程中需要耗氮,所以需要增施氮肥。有条件的地区可在施肥前进行土壤肥力测定,根据土壤肥力情况和不同作物、不同产量水平对肥力的要求,进行配方施肥。

⑥深耕。可利用大型农机具对农田进行深耕,耕作深度应大于30 cm,每间隔3~4 a深耕一次。深耕可打破犁底层,降低地温,减小土壤容重,增加降水渗透深度和土壤蓄墒,同时达到秸秆翻压还田的目的。

⑦种子处理。播种前进行拌种,可提高出苗率,防虫防病。拌种应在播种前一天进行,可选用市场上销售的包衣制剂或拌种剂。

2)播种—出苗期管理

播种—出苗期管理的主攻目标是:在全苗匀苗的基础上,促根、促弱、控旺,培育壮苗,协调幼苗生长和养分储备的关系,保证麦苗安全越冬,为来年增穗增粒打好基础。主要措施:

①破除板结。播种后遇雨或浇蒙头水后,要及时采取浅中耕破除板结,以利出苗。

②查苗补种。小麦出苗后若发现缺苗断垄现象,应及时催芽补种或疏苗移栽,确保苗全、苗匀。

1.1.2 三叶—分蘖期

河南省大部分冬麦区在正常播期条件下,出苗后15~20 d开始分蘖,分蘖数随主茎叶片数的增加而增加,并很快进入冬前分蘖高峰期。越冬前≥0 ℃积温在500~600 ℃·d之间,有利于形成壮苗;若冬前≥0 ℃积温不足350 ℃·d,则一般无冬前分蘖。

(1)适宜气象条件

1)日照充足,分蘖增多。

2)出苗至分蘖出现需要≥0 ℃积温220~240 ℃·d,日平均气温6~13 ℃,有利于分蘖,出蘖平稳、粗壮。分蘖生长最快的温度是13~18 ℃;一般在适宜分蘖期内,每长出1个分蘖约需≥0 ℃的积温70 ℃·d。

3)适宜分蘖的土壤相对湿度为70%~80%。

(2)不利气象条件

1)日平均气温<6 ℃,分蘖受抑制,<3 ℃不会发生分蘖;>18 ℃分蘖快,易引起徒长。

2)土壤相对湿度<55%,会抑制分蘖的产生;>90%,则因土壤缺氧,常常造成黄苗,分蘖迟迟不能生长。

(3)田间管理

1)控旺转壮

对因土壤肥力基础好、基肥施用量大、墒情充足、播期偏早等形成的过旺麦田,可连续深锄断根,控制旺苗;对因播量偏大形成的徒长苗,冬前要及早疏苗、间苗,疏苗后出现脱肥的麦田应酌情追肥浇水,促其健壮生长;由于播量大而造成群体过大、根系发育不良的麦田,一般不宜深中耕;发现有旺长现象,可采取镇压措施,以控制主茎和大蘖徒长,控旺转壮。

2)促弱转壮

对因基肥不足、土壤干旱或过湿而形成的弱苗,要抓住冬前温度较高、有利于分蘖扎根的时机,优先管理,当进入分蘖期以后,先追肥后浇水,及时中耕松土,对促根增蘖、由弱转壮有明显作用;晚播弱苗主要是积温不够,不应急于追肥浇水,以免降低地温,影响发苗,可浅锄松土,增温保墒;对稻茬麦的弱苗,应加强中耕松土,促苗早发;对整地质量差、地虚、坷垃多、墒情不足的晚播弱苗,冬季可进行镇压,压后浅锄,以提墒保墒。

3)当土壤湿度>90%时,应开沟排水,争取分蘖早生快发。

1.1.3　越冬期

冬季日平均气温稳定通过 0 ℃,分蘖停止生长,进入越冬期。1 月份平均气温徘徊在 0 ℃左右的麦区,冬季仍有少量分蘖增加。

(1)适宜气象条件

1)日极端最低气温≥−22 ℃。

2)土壤相对湿度>50%。

(2)不利气象条件

1)冬季严寒或温度降幅过大,易发生冻害。

2)越冬期间气候严寒,若土壤相对湿度<50%,则影响小麦正常越冬。特别是土壤暄虚导致土壤毛管断裂,水分不能供应根系生长,加重干旱影响,使植株受害、叶片发黄,严重时可致死蘖。

(3)田间管理

1)适时冬灌

冬灌可缓和冬季地温的剧烈变化,防止冻害死苗,并为翌年返青保蓄水分,做到冬水春用。冬灌宜在越冬前日平均气温达 3 ℃左右时进行,做到灌后田间无明水、夜冻日消,以保证冬灌质量和水分利用效果。

2)病虫防治

清除田边杂草,消灭越冬病媒和灰飞虱、蚜虫等害虫的传播媒介。

1.1.4　返青—拔节期

日平均气温稳定回升到 2~3 ℃时,小麦开始返青并恢复生长。返青后,当气温回升至 10

℃以上时，新的分蘖又会大量发生。

(1)适宜气象条件

1)日平均气温为3～7 ℃。

2)光照充足。

3)土壤相对湿度为70%～80%。

(2)不利气象条件

1)干旱

小麦返青后需水量增加，而春季降水少，因此极易出现麦田干旱，土壤相对湿度低于55%时，将影响单株有效穗数和穗部性状发育。

2)早春冷空气活动频繁，温度起伏大，易造成低温冻害。

(3)田间管理

1)中耕

开春后要及时中耕，尤其是浇过水的麦田，在返青期至拔节前都要及时进行中耕划锄，以破除板结、疏松土壤、提高地温、消灭杂草，减少土壤水分蒸发，促进小麦根系生长发育和分蘖生长，增强小麦的抗旱能力。

2)浇水追肥

一类麦田起身期喷施壮丰安等调节剂，缩短基部节间，控制植株旺长，促进根系下扎，防止生育后期倒伏，到小麦拔节中后期再追肥浇水。二类麦田应在起身中期之后再追肥浇水，如果返青期已经追肥浇水，可等到小麦拔节期再结合浇水同时每亩* 追施尿素8～10 kg。三类麦田应以促为主，分两次追肥。第一次在返青期5 cm地温稳定在5 ℃时开始追肥浇水，每亩施用5～7 kg尿素和适量的磷酸二铵，促进春季分蘖，巩固冬前分蘖，以增加亩穗数。第二次在拔节中期施肥浇水，以减少小花退化，提高穗粒数，并为提高粒重打基础。对旺长苗首先起身期喷施调节剂，控制株高，促根系下扎，防止生育后期倒伏。其次对无脱肥现象的旺苗麦田，应早春镇压蹲苗，避免过多春季分蘖发生，到拔节后再结合浇水亩施尿素10 kg左右；对于有脱肥症状的假旺苗，应在起身后追肥浇水，防止旺苗转弱苗。

3)预防倒伏

对于旺长麦田，在起身前每亩使用15%多效唑可湿性粉剂30～50 g，加水50 kg均匀喷雾；或深锄7～10 cm，断根控长；也可结合适当镇压控制旺长。

4)病虫防治

重点防治地下害虫、纹枯病、蚜虫、麦蜘蛛等。

1.1.5 拔节—抽穗期

(1)适宜气象条件

1)拔节期适宜温度为12～14 ℃，孕穗期适宜温度为15～17 ℃，抽穗开花期适宜温度为18～20 ℃。

2)拔节到孕穗期的需水量约为100～120 mm，占全生育期需水量的1/3～1/4；50 cm以

---

* 1亩 $=\frac{1}{15}$ hm^2，下同。

上土层的土壤相对湿度要维持在60%～80%。

3)拔节期光照充足可使穗部发育健壮,小花数增多,提高小花成花数。

(2)不利气象条件

1)冬小麦拔节后,日极端最低气温<0 ℃时易出现晚霜冻害。

2)拔节期光照不足、连阴雨天气易引起小花退化。

3)土壤相对湿度<50%,小花大量退化,小穗结实率降低。

4)连阴雨大于6 d引起湿害,湿害发生时由于田间湿度大,经常伴随白粉病、锈病和纹枯病的蔓延。

(3)田间管理

1)施孕穗肥

小麦孕穗期某些田块可能出现后期脱肥的情况,需要施肥。应在小麦旗叶露尖前后追施,每亩施用5～10 kg硫铵或3～5 kg尿素,趁雨撒施或兑成1%～2%的尿素水溶液浇施。

2)病虫防治

拔节后期加强病虫监测,及早进行各类病虫防治,可每亩用20%的粉锈宁乳油150 ml或12.5%的禾果利粉剂150 g,加水50 kg,对准小麦基部喷雾。

3)适时浇水

抽穗开花期耗水量较大,缺水会造成叶片暂时凋萎,光合强度下降,并消耗已经合成的物质,所以要适时浇水,保持土壤相对湿度在70%～80%。

4)冻害防治

如果气温下降到-3 ℃以下,持续6～7 h,已经拔节的麦苗就会发生冻害。在寒流来临之前及时浇水,可预防冻害发生。春季冻害发生后,要在低温后2～3 d及时观察幼穗受冻程度,发现茎蘖受冻死亡的麦田要及时追肥,促其恢复生长。茎蘖受冻死亡率在10%～30%的麦田,可结合浇水亩追施尿素4～5 kg;茎蘖受冻死亡率超过30%的麦田,亩追施尿素8～12 kg,以促进高位分蘖成穗,减少产量损失。

1.1.6　开花—籽粒形成

一般小麦抽穗后3～5 d开花、传粉、受精,全穗开花约持续3～5 d,全田开花可持续6～7 d,开花高峰为上午9—11时和下午3—6时。

(1)适宜气象条件

1)晴朗微风,空气相对湿度70%～80%有利于开花授粉。

2)开花后10 d光照充足,有利于提高结实率。

3)开花最适温度因品种熟性略有差异,具体见表1.1。

表1.1　小麦开花期最适气温　　单位:℃

品种熟性	开花始期	开花普遍期
春　性	15.2～19.7	14.9～19.8
半冬性	16.2～20.2	16.1～20.4
冬　性	16.7～20.5	16.0～20.4

(2)不利气象条件

1)小麦开花期怕高温、干旱,小麦开花要求最低温度为9～11 ℃,最高30 ℃,高于30 ℃且土壤水分不足或伴随干热风时，影响授粉而降低结实率。

2）开花期空气相对湿度<20%影响正常授粉，但湿度太大时，花粉粒易吸水膨胀破裂。

3）连阴雨天气造成麦穗的缺粒率增加，对小麦籽粒形成影响很大。

4）小麦开花后10～12 d，籽粒的轮廓就已基本形成，在籽粒形成期间，如遇高温干旱、低温阴雨、锈病等灾害，均会造成光合产物减少，养分运转积累受阻，影响籽粒形成，造成缺粒减产。

（3）田间管理

本期田间管理的主攻目标是减少小花不孕率，提高结实率。引起小花不孕的原因除内部生理上的以外，还有外部原因，如温度过高或过低、空气干燥、土壤干旱、光照不足、缺少养分、肥水施用不当等，应从以下方面进行管理：

1）对中低产麦田，由于地薄苗弱，应在抽穗前供给充足的水分，并喷施叶面肥，提高授粉率。

2）肥水较高麦田，要控水控肥，保持合理的群体，改善光照条件，以减少小花不孕率、增加穗粒数。

1.1.7 灌浆—乳熟期

这一时期是小麦千粒重形成的关键时期，持续时间约20 d。

（1）适宜气象条件

1）灌浆最适温度为20～22 ℃。在日平均气温为23～25 ℃时，灌浆时间缩短5～8 d；在日平均气温为15～18 ℃条件下，灌浆期延长。在灌浆末期往往会出现一个灌浆强度猛增的阶段，历时2～3 d，称为灌浆强度小高峰。灌浆末期日平均气温为20～24 ℃时，有利于小高峰的形成。

2）土壤相对湿度60%～80%。

（2）不利气象条件

1）温度低于12 ℃时，光合强度减弱，影响灌浆。

2）灌浆后期降水，特别是高温之后的降水过程，或日降水量超过10 mm时，雨后青枯常导致籽粒灌浆停止，灌浆速度小高峰就难以出现。

3）此期易出现干热风、大风与冰雹灾害。干热风将引起小麦灌浆期缩短，大风、冰雹等强对流天气易造成小麦倒伏或机械损伤。

（3）田间管理

1）浇灌浆水

灌溉适宜期和灌水量，视土壤质地、墒情和苗情而异。对于土质肥沃、底墒较好的麦田，在成熟前20 d左右可提早停水，不浇麦黄水；后期多雨的豫南地区，应适当控制灌水次数和水量。对保墒性差的土壤，特别是高岗沙地，应根据土壤墒情适当增加灌水次数，以满足灌浆需要。

2）叶面喷肥

通过叶面喷施磷酸二氢钾及生长调节剂等，可延长叶片功能期、保持小麦根系活力、防止早衰、减少干热风等。叶面喷肥一般在孕穗至灌浆前中期进行，可用2%左右的尿素溶液（每亩用1 kg尿素兑水50 kg），或每亩用200 g磷酸二氢钾兑水50 kg进行叶面喷洒，也可结合防治病虫害进行根外追肥，但应注意随配随用。

3)预防倒伏

以防为主,综合防治。

4)防治病虫

重点防治白粉病、赤霉病、叶枯病、蚜虫等。

1.1.8　乳熟—成熟期

(1)适宜气象条件

小麦从乳熟至成熟,干物质积累量不多,籽粒含水量下降到20%左右。

乳熟和成熟期最适气温见表1.2。

表1.2　冬小麦乳熟和成熟期最适气温　　单位:℃

品种熟性	乳熟期	成熟期
春　性	15.2～20.2	18.7～23.2
半冬性	19.7～23.3	21.6～26.0
冬　性	19.3～23.3	21.9～25.6

(2)不利气象指标

1)连阴雨>5 d;降水量>30 mm。

2)日平均气温<20 ℃;日最高气温>32 ℃。

3)干热风>3级。

4)0～30 cm土壤重量含水率偏大或偏小均影响小麦正常生长,见表1.3。

表1.3　小麦抽穗到成熟的土壤湿度指标(重量含水率)　　单位:%

墒情等级	褐土	潮土	砂姜黑土	黄褐土	风沙土
	0～30 cm	0～30 cm	0～30 cm	0～30 cm	0～30 cm
重旱	≤8	≤8	≤11	≤9	≤8
轻旱	9～14	9～14	12～17	10～14	9～12
适宜	15～21	15～19	18～21	15～20	13～19
偏湿	≥22	≥20	≥22	≥21	≥20

1.1.9　收获期

适宜气象指标:晴好天气,无连阴雨;无大风,风力≤3级。

不利气象指标:连阴雨>3 d;风力≥5级。

蜡熟末期是最适宜的收获时期。此期茎秆上部仍保持绿色,其他部位均变黄,穗下部分呈金黄色,籽粒背面绿色消失,胚乳变成蜡质状,籽粒可用指甲切断。如果在完熟期收获,易导致断穗落粒,造成损失。

1.2　冬小麦主要农业气象灾害及防御措施

1.2.1　干旱

冬小麦生育期的各个时期都有可能发生干旱(见表1.4)。

表 1.4　土壤含水量适宜指标和干旱指标(相对湿度单位:%,深度 0～50 cm)

发育期	指标	沙土	壤土	黏土
播种—出苗	适宜	60～85	63～88	67～90
	轻旱	53～60	53～63	63～67
	中旱	45～53	45～53	52～63
	重旱	≤45	≤45	≤52
出苗—返青	适宜	55～85	58～88	63～90
	轻旱	50～55	53～58	61～63
	中旱	40～50	42～53	50～63
	重旱	≤40	≤42	≤50
返青—抽穗	适宜	60～85	60～88	71～90
	轻旱	50～60	55～60	63～71
	中旱	40～50	43～55	50～63
	重旱	≤40	≤43	≤50
抽穗—成熟	适宜	62～85	64～88	70～90
	轻旱	45～62	54～64	61～70
	中旱	40～45	43～54	47～61
	重旱	≤40	≤43	≤47

(1)秋旱

9—11 月份为冬小麦播种、出苗、分蘖期,以旬降水量≥30 mm 或日降水量≥20 mm 为透墒,土壤水分满足小麦出苗生长所需,否则为干旱。

(2)冬旱

冬季降水比常年显著偏少,也会发生干旱。

(3)春旱

自 2 月中旬以后,小麦开始返青,并逐渐进入起身、拔节、孕穗期,由于春季气温回升快,空气干燥、风大等,使土壤蒸发加快,同时冬小麦返青后,生长加快,叶面积指数迅速增加,易发生春旱。

(4)初夏旱

入夏后气温高,大气蒸发力强,小麦正处于籽粒发育的关键时期,若遇到无雨天气或少雨天气,对小麦灌浆和籽粒增重有重大影响。

(5)防御措施

1)根据年型,选用适宜品种

每年 9 月底、10 月初,根据年、季气候预测结果,决定是否选用耐旱品种。灌溉条件好或地下水位较浅的地区则可选用水肥需求量大的高产小麦品种。

2)灌足底墒水

土地翻耕前如果土壤相对湿度小于 80%,且未来一段时间无明显降水,有条件的地区就应灌溉底墒水,使 100 cm 土层土壤相对湿度达到 85%以上。充足的底墒可使 100 cm 深土层有效蓄水量达到 200 mm 以上,可满足冬小麦全生育期约 45%～53%的耗水需求。

3)增肥土壤,以肥调水

增施有机肥,改善土壤团粒结构,提高土壤保水性能;增施磷肥,达到以磷促水、以根调水的目的。

4)深耕

深耕可打破犁底层，降低地温，减小土壤容重，增加降水渗透深度和土壤蓄墒。

5)返青、拔节期进行有限灌溉

通过对土壤水分的实时监测和小麦生长状况的系统监测，综合考虑未来天气状况，利用土壤水分预报模型，根据有限灌溉指标(返青拔节期土壤相对湿度是否低于55%)进行灌溉决策。小麦常采用的节水灌溉方式有喷灌、滴灌、间歇灌(又称波涌灌或涌灌)、长畦分段灌和小畦田灌溉等。

6)拔节、灌浆期喷施防旱剂

常用的防旱剂有SA型保水剂、FA旱地龙、多功能防旱剂等。

7)生长后期喷施防干热风制剂

目前防御干热风的简便有效途径是喷施磷酸二氢钾、草木灰水等制剂，可提高小麦抗旱或抗干热风的能力，促进小麦结实器官的发育，增强光合作用，减少叶片失水，加速灌浆进程。

1.2.2 雨涝与湿害

(1)秋涝

以月降水量≥150 mm，月雨日≥15 d，或连续两个月降水量≥300 mm，9—11月雨日≥30 d为秋涝指标。

(2)初夏涝

在5月中旬至6月下旬期间，如果降水过多，使农田土壤湿度过大或出现积水时间过长，影响夏收夏种。

(3)苗期湿害

苗期湿害是由于播种期和幼苗生长期雨水过多、土壤湿度过大造成的。苗期湿害，使叶尖黄化或呈淡褐色，根系伸长受阻，分蘖力弱，植株瘦小，往往成为僵苗。拔节抽穗期湿害，使茎叶黄化或枯死，根系暗褐色出现污斑，茎秆细弱，成穗率低，穗小粒少。灌浆期湿害，使旗叶提前枯死，根系早衰，灌浆期短，粒重降低。

小麦苗期相对较耐湿，排水后能很快恢复生长。

(4)拔节—抽穗期湿害

小麦抽穗期既需水又怕涝，尤以孕穗期对湿害最为敏感。拔节孕穗期遇湿害，小麦植株很快出现萎蔫，有“寸麦不怕尺水，尺麦怕寸水”之说。

(5)灌浆期湿害

灌浆期湿害易造成根系早衰，严重时还会腐烂发黑。

(6)雨涝与湿害防御措施

麦田湿害的形成，根本原因是多雨造成土壤水分过多，产生“三水”(地面水、潜层水、地下水)危害，特别是潜层水的危害更重，是出现湿害的直接原因。因此，除湿的中心是治水，促使土壤水气协调的做法都是防御小麦湿害的有效措施。

1)搞好排水工程，实行沟渠配套，使内河水位能控制得住，田间水能挡得住，田内水能排得快。

2)在豫南易出现湿害的地区，要做到田内“三沟”配套，排除“三水”，整地播种阶段起好田内“三沟”(厢沟、边沟、腰沟)，为了提高播种质量，保证全苗壮苗，一定要做到先起沟后播种。

3)通过合理的作物布局和作物内部的品种布局，加深耕作层，增施有机肥和磷肥，中耕松土，采取生物措施改土培肥等办法，调节土壤墒情，促进根系发育。

4)选用耐湿性较强的品种，增强小麦本身的抗湿性能，是防御湿害、病害的内因条件。

5)适当喷施生长调节物质，以延缓衰老进程，减轻湿害。

1.2.3 冻害

(1)发生条件及危害

冬小麦越冬期可以忍受一定强度的低温。一般冬季气温在−10 ℃以上时，小麦不会发生因冻害死苗现象，但当气温进一步降低到麦苗不能忍受的程度时，部分麦苗就会受冻致死。表1.5为不同低温强度出现不同天数的冬小麦死亡情况。一般把小麦死亡10%称为开始死亡，50%左右为大量死亡，70%以上为毁灭性死亡。强冬性品种一般为−16 ℃以下，中等抗寒品种为−13～−16 ℃，弱冬性品种为−12 ℃以下。

表1.5 低温持续天数与冬小麦死亡率 单位:%

持续天数(d)		1	2	3	4	平均
低温强度(℃)	−14.1～−16.0	—	1.0	13.2	43.3	19.2
	−16.1～−18.0	—	46.7	56.1	84.3	62.2
	−18.1～−20.0	33.6	61.6	70.9	—	—
平 均		—	23.9	34.7	63.8	—

(2)防御措施

小麦冻害是植株抗寒性下降后遇不利越冬条件胁迫的结果，单一措施的效果是有限的，必须从提高植株抗寒性和改善越冬环境条件两方面着手，提高播种质量，培育冬前壮苗，抓好越冬保苗和早春抢救补救。合理布局包括品种、复种指数和种植制度的因地制宜。具体有以下措施：

1)选用抗寒丰产品种

这是最省力和最节约的措施，但有一定难度。暖区和肥地对品种的抗寒性可适当放低，高寒麦区和中低产地块仍应保证品种有较强的抗寒性。

2)适时播种

这是培育壮苗的关键措施。越冬期壮苗标准为：春性品种，6叶1心，4～5个分蘖；半冬性品种，7叶或7叶1心，7～8个分蘖(包括主茎)。

3)适宜播深

播种过浅或过深都不利于越冬，适宜深度应在2～3 cm。

4)适时浇好越冬水

当耕层土壤相对湿度低于50%，应适时浇好越冬水，以达到底墒充足、上虚下实的良好越冬环境。浇好水的标志是地面无积水。若入冬晚或突然封冻来不及浇越冬水，可在冬初晴暖时补墒。

5)冬季压麦耱麦

当干土层在3 cm以上或出现坷垃裂缝时，可用树枝耙耱再用石磙压麦，以减轻风袭失墒、稳定地温。注意不要在地冻得最硬时压麦，以免造成机械损伤，严冬期可在中午前后进行。

6)早春对受冻麦苗的补救

冻害监测中需要及时了解的气象资料主要有：冬前积温、出苗初期有无18 ℃以上的连续高温、入冬有无剧烈降温及其降温幅度、冬季负积温、冬季降雪量、早春稳定通过 0 ℃日期、有无倒春寒等。要根据冻害监测结果有针对性地采取相应措施：

①冬旱麦田应及早补墒或压麦提墒使分蘖节吸收水分恢复膨压。

②受冻旺苗，尽早用铁丝耙子狠耧除去枯叶，可减轻冻枯叶鞘对心叶的束缚，减少死蘖。切不可仍把受冻旺苗当作旺苗控制水肥，贻误时机。

③受冻弱苗，吸收能力差，过早浇水追肥会事与愿违。必须浅松土提高地温，施优质有机肥和磷肥，等地温明显升高、新根长出再浇水，追肥量应随植株长大逐渐增加。

1.2.4 晚霜冻

(1)发生条件及危害

春季若气温较低，容易出现晚霜冻害。晚霜冻出现越晚受害越重，又以拔节后 10～15 d，即雌雄蕊分化期抗寒能力最差。受冻后如突然急剧升温，细胞来不及恢复则受害更重。发生霜冻后叶片呈水浸状，日出后霜化叶片呈暗绿色，萎蔫下垂，受冻轻的可部分恢复，受冻重的经日晒干枯发白。受害部位集中在叶尖或叶面向上部，强烈霜冻也可危害到基部茎节。幼穗受冻后有时外表看不出受害症状，抽穗后才发现穗干缩、畸形、缺粒，对产量影响很大。冬小麦拔节后的霜冻指标见表 1.6。

表 1.6 冬小麦拔节后的霜冻指标 单位：℃

拔节后天数(d)		1～5	6～10	11～15	>16
轻霜冻	最低气温	−1.5～−2.5	−0.5～−1.5	−0.5～0.5	1.5～0.5
	叶面最低温度	−4.5～−5.5	−3.5～−4.0	−2.5～−3.0	−3.0
重霜冻	最低气温	−2.5～−3.5	−1.5～−2.5	−0.5～−1.5	0.5～−0.5
	叶面最低温度	−5.5～−8.0	−4.0～−6.0	−3.0～−4.5	−4.0

(2)防御措施

1)霜冻前灌溉可稳定地温，提高土壤表面最低温度 2 ℃以上。

2)避免采用冬性弱的品种，以防止过早拔节。

3)对春季旺长的麦苗在返青起身期镇压，以控制徒长。

4)增施磷钾肥有提高抗寒性的作用。

5)在最低温度出现前不久，人工燃烧湿柴草熏烟或施放化学发烟剂形成烟幕，可提高近地气层温度和防止日出后升温过快。

6)严重霜冻后，尽管大量叶片枯萎，但大多数情况下还不是毁灭性灾害，不要急于毁种；即使主茎受害，其基部分蘖还可以迅速萌生，及时浇水追肥仍可获得一定产量。

1.2.5 干热风

(1)发生条件及危害

冬小麦灌浆期，高温、低湿并伴有较大风速，是典型的干热风天气条件，对小麦产量有很大的影响。其具体指标见表 1.7。

(2)防御措施

1)采用早熟品种，适时早播促苗早发，争取早抽穗以躲过高温。

2)采用抗逆品种，通常叶片小而厚、直立紧凑的品种较为耐旱耐热。

表 1.7　小麦干热风指标

干热风	重	日最高气温≥35 ℃,14 时相对湿度≤25%,风速≥3 m/s
	轻	日最高气温≥32 ℃,14 时相对湿度≤30%,风速≥3 m/s
干热风天气过程	重	连续出现 2 d 以上重干热风,或 3 d 以上轻干热风,或在一次干热风天气过程中出现 2 d 不连续重干热风
	轻	连续出现 2 d 以上轻干热风,或 1 d 轻干热风、1 d 重干热风
干热风年型	重	一年中出现 2 次以上重干热风,或 2 次轻 1 次重,或 4 次以上轻干热风过程
	轻	一年中出现 1～2 次轻干热风过程,或 1 次重过程,或轻干热风日连续≥4 d

3)控制密度和拔节后氮肥用量,防止后期贪青晚熟。

4)扬花和灌浆初期喷施石油助长剂(稀释 800～1000 倍,每亩 75 kg),起身到孕穗期喷 1～2 次0.2%～0.4%的磷酸二氢钾溶液都可促进灌浆。

5)灌浆中后期浇水,出现高温时适量喷灌,效果更好。

6)营造农田防护林,可改善小气候,减轻林网内干热风的危害。

1.2.6　青枯

(1)发生条件及危害

青枯发生的气象条件:灌浆中期有一段较高温,然后有 10 mm 以上降雨并伴随较强降温,雨后不久出现 30 ℃以上高温(见表 1.8)。小麦不适应这一急剧变化,叶片和茎秆脱水,青枯死亡,而后扩展到全株。发生时,首先穗下节由青绿变为青灰色,接着顶部小穗枯萎、炸芒,颖壳发灰白。籽粒瘦秕,粒重很低,出粉率也明显降低。降温幅度越大,雨量越大,雨后升温越猛,受害越重。

表 1.8　小麦青枯气象指标

青枯指标		①成熟前 10 d 左右,过程降水量≥10 mm ②降水前后 3 d 内有 1 d 以上最高气温≥30℃
青枯等级	轻	①青枯出现在正常成熟前 10 d 或 3 d 内 ②降水前后温差<10 ℃,1 d 日最高气温>30 ℃
	重	①青枯出现在正常成熟前 5～7 d ②降水前后温差>10 ℃,有 1 d 以上最高气温>30 ℃

青枯是对小麦粒重影响最大的灾害,严重的粒重可下降 10%～20%。一般发生在乳熟后期,即小麦成熟前 10 d 左右,尤以成熟前 5～7 d 为最严重,这时小麦的生命力已较衰弱,对外界不利条件的抵抗力差。到成熟前几天,虽然小麦的生命力更弱,但灌浆已基本完成,即使发生青枯损失也不大。

(2)防御措施

1)高温天气一般出现在灌浆后期,适时早播和加强春季管理促早发,争取提早抽穗,有利于躲过高温危害。

2)选用早熟和后期灌浆快、抗青枯的品种。

3)春寒年春季追施氮肥不能过晚,早春增施磷肥和减少氮肥总量。

4)雨后出现高温时,及时喷灌降温。

5)喷施乙烯利、黄腐酸铵、氯化钾等,促进养分转移。

1.2.7 倒伏

(1)发生条件及危害

小麦易倒伏时期一是抽穗期,易兜水超重,茎秆也较软;二是乳熟末期,籽粒体积和鲜重达最大时,头最重。

浇水或下中雨后有五六级风即可能造成部分倒伏,雨强和风力越大,倒伏越重。倒伏后的小麦一般要减产 10%～40%,倒伏越早,损失越大。

(2)防御措施

1)选用矮秆和茎秆韧性强的品种。

2)提倡随土壤肥力提高适当降低播量,以分蘖成穗为主,增强抗倒伏能力。

3)增施磷肥和早春松土促进根系发育,增施钾肥可增强茎秆韧性。

4)拔节前控制水肥防止中部叶片过大和基部节间过长。

5)灌浆中后期灌水要避开风大天气,高产田可选择风小的后半夜到上午采取间歇喷灌的办法,即每喷 30 min 停 10 min 左右,使植株上的水分下落后再喷。

1.2.8 雹灾

(1)危害

雹灾发生时,常对所经过麦田造成毁灭性打击,轻者掉粒撕叶,重者折断打烂。

(2)防御措施

1)当冰雹云迅猛发展之时进行人工消雹作业,有可能使该冰雹云不降雹而降雨。

2)发生冰雹灾害后要对灾情及时评估,根据受害程度决定是否立即改种,或是加强管理,争取较好收成。

1.3 小麦主要病虫害及防治措施

1.3.1 条锈病

(1)发病特点

豫东南为条锈病常发区,其余地区为偶发区,流行年份可减产 20%～30%,严重地块甚至绝收。

盛发期:4 月至 5 月上旬,即小麦拔节、抽穗、灌浆期。

发生的气象条件:河南省条锈病一般不能越冬,病源主要来自外地。如果冬季气温偏高(或者早春气温回升快),土壤墒情好(或冬季积雪时间长),翌年 3—5 月份降雨多(尤其是 3 月份),病害将中度以上流行(见图 1.1 及附彩图 1.1)。

(2)防治措施

防治条锈病一般每亩用 15%三唑酮可湿性粉剂 100 g,或 12.5%烯唑醇可湿性粉剂 40～60 g,或 25%丙环唑乳油 30～35 g,或 30%戊唑醇悬浮剂 10～15 ml、志信星 25～32 g,兑水

50 kg喷洒，间隔 7～10 d 喷药一次。

施药方法：由于小麦条锈病的病原菌主要着生在小麦叶片的背面，故喷药时应以叶片背面为主，为提高药液在叶面的黏着力，可在配药液时加少量洗衣粉，与药液充分搅匀后喷雾。

图 1.1 小麦条锈病

1.3.2 白粉病

(1)发病特点

河南省为白粉病重灾区，受害麦田一般减产 10%左右，严重地块减产 20%～30%，个别地块甚至减产 50%以上。

盛发期：4 月至 5 月上旬，即小麦拔节、抽穗、灌浆期。

发生的气象条件：冬季和早春气温偏高，始发期就较早，0～25 ℃均可发生，15～20 ℃为最适温度，10 ℃以下最缓慢，25 ℃以上病情发展受到抑制；潜育期在 4～6 ℃时为 15～20 d，8～11 ℃为 8～13 d，14～17 ℃为 5～7 d，19～25 ℃为 4～5 d。

温度和降水对病害的影响比较复杂，一般来说，干旱少雨有利于抑制病害的发生；空气湿度大易导致病菌孢子的形成和侵入，在一定范围内，随空气相对湿度增加病害会逐渐加重，但湿度过大、降水过多则不利于分生孢子的传播(见图 1.2 及附彩图 1.2)。

图 1.2 小麦白粉病

(2)防治措施

1)选用抗病品种。

2)合理密植，合理施肥。

3)药物防治

药物防治主要是在秋苗发病重的地块采用药剂拌种，或者在春、秋季，田间发病率达 3%～5%时(成株期调查以旗叶到旗叶下 2 叶计算发病率)，每亩用 20%粉锈宁乳油 20～30 ml 或 15%粉锈宁可湿性粉剂 50 g，兑水 50～60 kg 喷雾，或兑水 10～15 kg 低容量喷雾；也可每亩用 25%病虫灵乳油每亩 50 ml，加水 50 kg 喷雾。

1.3.3　纹枯病

(1)发病特点

纹枯病对产量的影响较大,一般使小麦减产10%～20%,严重地块减产50%,个别地块甚至绝收。黄淮平原小麦纹枯病有逐年加重的趋势。

盛发期:3月至4月上旬,即小麦返青、拔节、抽穗期。

发生的气象条件:冬前高温多雨有利于发病,春季气温已基本能满足纹枯病发生条件,湿度是发病的主导因子。3月—5月上旬的降雨量与发病程度密切相关。

纹枯病的发生程度因土质不同而不同,一般表现为沙壤土重于黏土,黏土重于碱土。小麦播种以后,发芽时若受到纹枯病病菌侵染,芽鞘变褐,甚至腐烂枯死。暖冬年如果早播麦受害,出苗后几天就可能出现黄苗、死苗现象,并且拔节后病株率明显上升;小麦孕穗抽穗阶段病情发展很快,至扬花灌浆期病株率达到高峰,病斑扩大,相互连成典型的花秆症状或烂茎,致使主茎和大分蘖不能抽穗,形成"枯孕穗",有些抽穗后成为枯白穗,籽粒少且秕(见图1.3及附彩图1.3)。

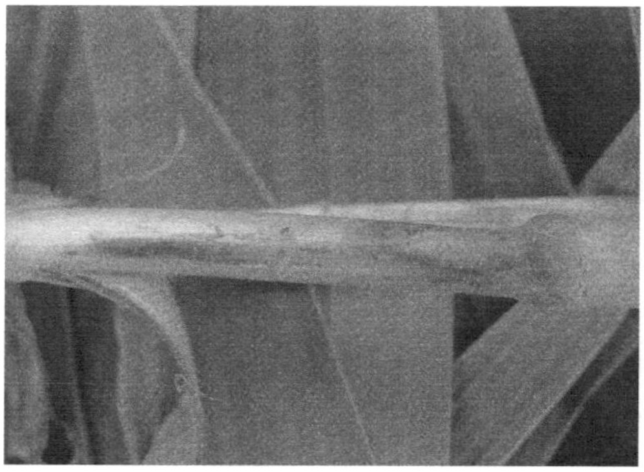

图1.3　小麦纹枯病

(2)防治措施

1)选用抗病、耐病品种。

2)农业防治。及时排除田间积水,降低田间湿度。实行合理轮作,减少播种量,控制田间密度,改善田间通风透光条件。

3)药剂防治

小麦纹枯病的药剂防治应以种子处理为重点,重病田要辅以早春田间喷药。可采用两种防治措施:

①对于感病品种和早播发病重的麦田,播种时用粉锈宁拌种。

②如果病虫同时发生可采用与防治麦蚜、黏虫的农药混用,达到兼治的目的。

1.3.4　赤霉病

(1)发病特点

小麦赤霉病多发生于小麦穗期湿润多雨的季节。

盛发期:4月下旬至5月中旬,开花期遇连阴雨天气或持续高湿天气都将偏重发生。

发生的气象条件:充足的菌源、适宜的气象条件与小麦开花期相吻合,就会造成赤霉病流行;前期主要是影响基物上接种体的产生,后期主要影响病原菌的侵入、扩展和发病。气温不是决定病害流行程度变化的主要因素,小麦开花期的降雨量、降雨日数和相对湿度是该病流行的主导因素,其次是日照时数。小麦抽穗期以后降雨次数多、降雨量大、相对湿度高、日照时数少是构成赤霉病大发生的主要原因,尤其是若开花到乳熟期多雨、高温,则赤霉病严重发生。此外穗期多雾、多露也可促进赤霉病的发生(见图 1.4 及附彩图 1.4)。

图 1.4 小麦赤霉病

(2)防治措施

1)深耕灭茬。

2)选用抗性、耐性品种。

3)药剂防治是赤霉病防治的关键

由于气候条件不同,不同地区麦株的抽穗开花时期和快慢亦有不同,故施药日期、次数要根据当地气候条件和小麦生育期变化而灵活掌握。施药的时间原则:若在抽穗期间天晴、温度高,小麦边抽穗边开花,则在始花期(开花 10%～20%)施药最好;若抽穗期低温、日照少,小麦先抽穗后扬花,则在始花期(开花 10%)用药;若抽穗期遇到连阴雨,则应在齐穗期用药。要抓住下雨间隙进行用药。

1.3.5 麦蚜虫

(1)发生特点

河南省年降水量 600～800 mm,多为灌溉麦田,1 月份平均气温 0 ℃左右,多发生麦长管蚜。

盛发期:4—5 月,即小麦拔节、抽穗、灌浆期。

发生的气象条件:麦长管蚜适宜的温度范围为 12～20 ℃,不耐高温和低温,7 月份 26 ℃等温线以南不能越夏,1 月份 0 ℃以下的地区不能越冬。通常冬暖、春旱有利于麦蚜猖獗发生,冬暖延长了麦蚜繁殖时间,增加了越冬指数;春旱提早了麦蚜的活动期,增加了繁殖机会,可为麦蚜发生累积更多的虫源。春季持续干旱是麦二茬蚜猖獗发生的一个重要条件,而春季雨水适宜,对麦长管蚜的种群扩增具有一定作用。雨水的冲击能使蚜量显著下降,1 h 降水量达 30 mm 的强降雨,伴随 9 m/s 的大风,雨后麦芽量下降 98.7%(见图 1.5 及附彩图 1.5)。

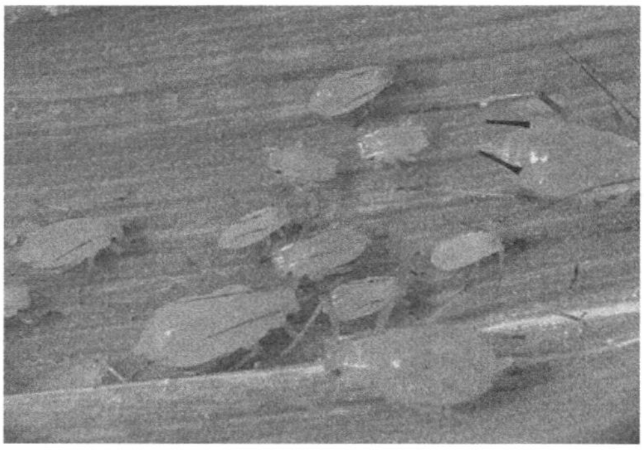

图 1.5　麦蚜虫

(2)防治措施

1)农业防治

选用抗蚜、耐蚜丰产品种，早春耙压，清除杂草。

2)化学防治

首先调查虫情，小麦拔节时，百株超过 500 头，天敌单位与蚜虫之比在 1：100 以上时，即需防治。田间喷药可用 1.5%乐果粉剂，每亩 1.5～2 kg。喷雾可用 50%辛硫磷乳油 2000 倍液，或抗蚜威可湿性粉剂 4000 倍液。在穗期防治时应考虑兼治小麦锈病、白粉病及黏虫等，每亩可用粉锈宁 6 g、抗蚜威 6 g 和灭幼脲 2 g(三者均指有效成分)混用，防治效果达 85%～90%。

1.3.6　吸浆虫

(1)发生特点

主要发生于黄淮流域冬小麦主产区。主要为麦红吸浆虫，分布于河流或平原低湿地区。

盛发期：河南省中、南部地区在 4 月份，北部地区在 4 月下旬至 5 月上旬。小麦处于拔节、抽穗、灌浆期。

发生的气象条件：早春气温高低影响吸浆虫发生的迟早。早春气温回升早，土温上升快，发生就早；遇寒流侵袭，则发生期推迟。只要有适合小麦生长发育的温度，就能满足小麦吸浆虫生长发育的要求。幼虫耐低温而不耐高温，夏季由于高温干旱，越夏死亡率往往高于越冬死亡率。所以温度对小麦吸浆虫种群数量的影响主要是通过影响越夏死亡率而起作用。

小麦吸浆虫喜湿怕干，降雨量与土壤湿度是影响种群变动的关键因子，春季少雨干旱，土壤含水量在 10%以下，幼虫不化蛹，继续处于冬眠状态；土壤含水量低于 15%时，成虫很少羽化；土壤含水量在 22%～25%时，成虫才大量发生。成虫产卵、幼虫孵化和入侵均需较高的湿度。5 月下旬至 6 月初，降雨对老熟幼虫离穗入土有利，否则老熟幼虫被带到麦场，经过日晒碾压，难以生存。4 月的降雨量与当年的发生程度呈明显的正相关(见图 1.6 及附彩图 1.6)。

(2)防治措施

防治吸浆虫，除采用调整作物布局、实行轮作倒茬、避免连作、麦茬耕翻曝晒等农业措施外，化学防治措施仍是重要的手段。

1)播前土壤处理

每亩用 6%林丹粉 1.5 kg，或 5%甲基异硫磷颗粒剂 1.5～2 kg，或 3%辛硫磷颗粒剂

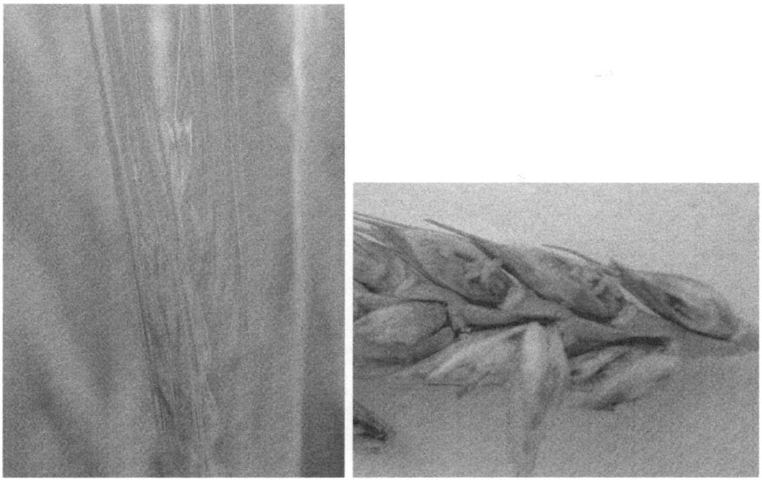

图 1.6　小麦吸浆虫

1.5～2.5 kg，掺细土 30 kg，拌和均匀后，撒于地表，边撒边耕，翻入土中，或耕后撒在垄头。

2)幼虫期防治

3 月下旬至 4 月上旬小麦拔节期，每亩用 5%甲基异硫磷颗粒剂 1.5～2 kg，3%甲拌磷颗粒剂 2～2.5 kg，3%辛硫磷颗粒剂 1.5～2.5 kg，分别拌细土 20 kg，均匀撒于麦垄间土表，结合锄地，将毒土混入表层。

3)蛹期防治

蛹期是小麦吸浆虫防治的最关键时期。此期麦株已高，施药后要设法将麦叶上的药土弹落至地面。每亩用 2.5%撒拌宁 2.5 kg，均匀拌细土 20 kg；或每亩用 40%甲基异硫磷乳油 200 ml，或 50%辛硫磷乳油 200 ml，加水 5 kg，拌细土 25 kg，撒入麦田，随即浇水或抢在雨前施下。

4)成虫期防治

成虫期防治是控制小麦吸浆虫为害的最后一道防线。应掌握在小麦抽穗扬花初期，即成虫出土初期施药。每亩可选用吡虫啉 10～15 g，或 2.5%溴氰菊酯 20～25 ml，进行低量喷雾。如施药后 24 h 内遇雨，要考虑进行补治。

参考文献

北方冬小麦产干热风科研协作组. 1988. 小麦干热风[M]. 北京：气象出版社.

陈怀亮，邹春辉，付祥建，等. 2001. 河南省小麦干热风发生规律分析[J]. 自然资源学报，**16**(1)：59-64.

陈宇飞，邰连春，等. 2008. 农艺作物病虫草海防治[M]. 北京：中国农业科学技术出版社.

程式华，李建. 2007. 现代中国水稻[M]. 北京：金盾出版社.

崔金杰，马奇祥，马艳，等. 2004. 棉花病虫害诊断与防治原色图谱[M]. 北京：金盾出版社.

董金皋. 2001. 农业植物病理学(北方本)[M]. 北京：中国农业大学出版社.

高德三，杨瑞生. 2008. 昆虫防治学[M]. 北京：中国农业大学出版社.

何留进，汤兵勇，等. 1998. 病虫害预测控制的模糊应用技术[M]. 上海：华东理工大学出版社.

河南省农业科学院. 1988. 河南小麦栽培学[M]. 郑州：河南科学技术出版社.

河南省气象局. 1984. 小麦干热风防御技术[M]. 郑州：河南科学技术出版社.

河南小麦品种志编审委员会. 1983. 河南小麦品种志[M]. 郑州：河南科学技术出版社.

华北平原作物水分胁迫与干旱研究课题组. 1991. 作物水分胁迫与干旱研究[M]. 郑州：河南科学技术出版社.

金善宝. 1990. 小麦生态研究[M]. 杭州：浙江科学技术出版社.

雷振生，季书勤，吴政卿. 2008. 河南优质小麦规范化栽培技术[M]. 郑州：中原出版传媒集团，中原农民出版社.

李洪连. 2008. 主要作物疑难病虫草害防控指南[M]. 北京：中国农业科学出版社.

李云端. 2006. 农业昆虫学[M]. 北京：高等教育出版社.

梁振兴，戴惠君. 2008. 小麦农艺工培训教材[M]. 北京：金盾出版社.

刘荣花，方文松，朱自玺，等. 2008. 黄淮平原冬小麦底墒水分布规律[J]. 生态学杂志，**27**(12)：2105-2110.

农业部小麦专家指导组. 2008. 小麦高产创建示范技术[M]. 北京：中国农业出版社.

屈振刚，孙双全，王江柱，等. 2008. 小麦植保员培训教材[M]. 北京：金盾出版社.

全国农业技术推广服务中心. 2007. 玉米病虫防治手册[M]. 北京：中国农业出版社.

商鸿生，王凤奎，沈瑞清，等. 2005. 玉米、高粱、谷子病虫害诊断与防治原色图谱[M]. 北京：金盾出版社.

石浩，孙双全，等. 2008. 玉米植保员培训教材[M]. 北京，金盾出版社.

王绍中，郑天存，郭天财. 2007. 河南小麦育种栽培研究进展[M]. 北京：中国农业科学技术出版社.

许昌燊，等. 2004. 农业气象指标大全[M]. 北京：气象出版社.

余卫东，朱晓东. 2007. 商丘市小麦锈病预测模式研究[J]. 安徽农业科学，**35**(36)：11884-11885.

赵广才. 2006. 小麦优质高效栽培答疑[M]. 北京：中国农业出版社，农村读物出版社.

赵广玉，许化民. 2008. 小麦优质高产配套栽培技术[M]. 济南：山东科学技术出版社.

郑大玮，郑大琼，刘虎城. 2005. 农业减灾实用技术手册[M]. 杭州：浙江科学技术出版社.

中国农业科学院. 1979. 小麦栽培理论与技术[M]. 北京：农业出版社.

朱自玺，赵国强，邓天宏. 1995. 冬小麦优化灌溉模型研究及其应用[J]. 华北农学报，**10**(4)：33-36.

朱自玺，赵国强，方文松，等. 2000. 不同土壤水分和不同覆盖条件下麦田水分动态和增产机理研究[J]. 应用气象学报，**11**(增刊)：137-144.

第2章 玉 米

玉米，又名玉蜀黍、苞米、玉茭、棒子、苞谷等，原产中南美洲，是古老的栽培作物之一。玉米是世界上三大粮食作物之一，其种植面积和产量仅次于小麦和水稻而位居世界第三位，在我国玉米的种植面积仅次于水稻居第二位，总产和单产均居粮食作物之首。

我国是世界上第二大玉米生产国和主要消费国。随着我国畜牧业持续稳定增长和食品、医药等以玉米为原料的加工业的快速发展，尤其是2004年以后，一些世界玉米生产大国燃料乙醇工业的快速增长，带动了玉米工业消费大幅增加。2006年我国玉米总产量达到1.45亿t，其中工业消费达到3000万t，比2003年增加1倍，占到总消费量的21%。河南省作为我国第一农业大省、第一粮食生产大省、第一粮食转化加工大省，同时也是玉米生产大省和消费大省。河南省玉米生产近年来发展较快，播种面积由2004年的3630万亩扩大到2007年的3993.5万亩；总产由1049.95万t增加到1445.11万t；亩产由289.24 kg提高到373.6 kg。

近年来，河南粮食生产核心区建设实施，在转变传统耕作习惯上，形成了高产田区玉米大面积亩产600 kg以上的高产高效综合栽培技术体系。

2.1 玉米生育期气象条件及管理措施

玉米是一种喜温、喜光、高光效的C_4作物。从播种到成熟分为营养生长、营养生长和生殖生长并进、生殖生长三个阶段，播种—拔节期为营养生长阶段，拔节—抽雄期为营养生长和生殖生长并进阶段，抽雄—成熟期为生殖生长阶段。

2.1.1 播种、出苗—拔节期(苗期)

河南省的玉米种植以夏玉米为主，一般是小麦即将成熟或收获以后播种，5月下旬至6月上旬，是河南省夏玉米的适播期。最晚不迟于6月20日，播种时还应考虑天气情况和当时的土壤含水量，力争抢墒早播。

玉米从出苗到拔节这一阶段为苗期，夏玉米一般经历20～25 d，春玉米经历40～45 d。

(1)适宜气象条件

1)玉米发芽的下限气温为6～7 ℃，适宜气温为10～12 ℃，28～35 ℃发芽最快。5 cm地温稳定在10～12 ℃以上时为适宜播期。播种时耕层土壤适宜相对湿度为70%～80%。

2)苗期最适宜温度为18～20 ℃，土壤5 cm地温20～24 ℃适宜根系生长。七叶前最适宜土壤相对湿度为60%左右，有利于蹲苗，以促进根系发育，增强中后期的抗倒抗旱能力。

3)玉米拔节前，生育阶段耗水量不超过80 mm，日耗水量不超过2.5 mm；播种至拔节耗水量占全生育期耗水量的22%以内，是一生中耗水量最少的时期。

(2)不利气象条件

1)玉米种子在 6～7 ℃气温条件下也可发芽,但发芽极为缓慢,容易受到土壤中有害微生物的侵染而腐烂。

2)土壤相对湿度大于 85%时,会使种子腐烂造成缺苗,幼苗根系分布变浅,不利于全苗、壮苗;但当表层土壤相对湿度小于 60%时,对出苗和苗期生长不利,会导致出苗不齐、植株矮小、根系发育受阻,甚至造成叶片凋萎、植株死亡。

(3)田间管理

1)提高播种质量

①选用高产、优质、抗逆性强的玉米杂交品种。

②抢墒、抢时早播。麦后直播区,要力争 6 月 10 日之前播种结束。对于豫北积温较少的地区,为实现玉米丰产,可在麦收前进行套种。

③播种量。合理密植应根据品种特性和地力而定,一般耐密型品种每亩定苗 4000～4500 株,大穗型品种每亩定苗 3500 株左右,高肥区可适当增加密度。每亩播种量一般为 2～3 kg。

④播种深度。一般以 5～6 cm 深为宜。墒情较好的黏土地,应适当浅播,以 4～5 cm 为宜;疏松的沙质壤土,适当深播,以 6～7 cm 为宜。若土壤水分较高,不宜深播。

2)苗期管理

①苗期的生长特点及管理任务。玉米苗期是以生根、分化茎叶为主的营养生长阶段。该时期的主要特点是:地上部分生长缓慢,根系生长迅速。田间管理的中心任务是:促进根系生长,培育壮苗,形成高低一致、大小均匀、敦实健壮、根系发达、茎基扁、叶色深绿的群体长势,为高产打下基础。

②苗期管理的主要措施

查苗补苗　玉米在播种出苗过程中,常由于种子发芽率低,或因漏播、种子落干、坷垃压苗、雨后表土板结及地下害虫和鸟害等原因,造成缺苗。所以玉米出苗后,应立即进行查苗,缺苗较多时,要进行补种。补种的种子采用浸种催芽的方法,促使提早出苗。如补种的幼苗赶不上原播幼苗时,可采用移苗补栽的办法。补栽苗龄以 4～5 叶为宜,越早越易成活,但补栽苗一般应比缺苗田的幼苗多 1～2 片叶。最好在下午或阴天带土移栽,以利返苗,提高成活率。成活后追施少量速效化肥,并进行松土,促苗生长。

间苗定苗　适时进行间苗、定苗可以避免幼苗拥挤和相互遮光,节省土壤养分和水分,有利于培育壮苗。间苗、定苗的时间,一般以 3～4 片叶为宜;在干旱、虫害较重的地区,为保证全苗,可适当把定苗时间推迟到 5～6 片叶时进行。

间苗、定苗应在晴天下午进行,这是由于病苗、虫咬苗以及生育不良的苗,经中午日晒后易发生萎蔫,便于识别淘汰,间苗时应拔除那些苗矮、叶密,下粗上细、弯曲的弱苗。定苗时应尽量保留叶数相当,高矮、粗细一致的壮苗。为了保证群体整齐,定苗时可拔除所有弱苗,如形成空穴,可在相邻穴留双株补齐。

中耕除草　播种后出苗前要及时采用土壤封闭或化学除草。土壤封闭墒情不足时,要适当加大喷药用水量;如果玉米已出雷,则在喷施除草剂时尽量放底　头,不让药水喷洒在玉米幼苗上。中耕是玉米田间管理的一项重要工作,其作用在于疏松土壤,保墒散湿,提高地温,灭茬除草,减少水分、养分的消耗以及病虫害的中间寄主,促进土壤微生物活动,满足玉米生长发育要求。定苗以前,幼苗矮小,中耕时要避免压苗,苗旁宜浅,行间宜深,中耕深度以 3～5 cm

为宜。套种玉米苗期土壤比较板结，应及时去掉麦茬，破除板结，使幼苗由弱转壮。

蹲苗促壮　玉米苗期根系生长较快，为了促进根系向纵深发展，形成强大根系，为玉米后期生长奠定良好基础，如底墒较充足，可在7叶前，通过控制灌水、中耕培土等方式进行蹲苗。蹲苗应掌握“蹲黑不蹲黄，蹲肥不蹲瘦，蹲干不蹲湿”的原则。套种玉米播种时生长条件较差，苗势较弱，一般不进行蹲苗，应在麦收后抓紧进行施肥浇水，加强管理，促弱转壮。

追肥　夏玉米因免耕播种，多数不施底肥，主要靠追肥。磷肥在5叶前施入效果最好，磷肥、钾肥和有机肥应在定苗前后结合中耕灭茬尽早施入。对地力较差、长势较弱的玉米田，定苗后可施少量氮肥作提苗肥，促使形成壮苗，并要大苗少施、小苗多施，使全田生长一致。

2.1.2　拔节—抽穗期

拔节到雄穗抽出期间称为玉米的雌雄穗分化期，一般经历25～35 d。此阶段玉米营养器官生长迅速，生殖器官强烈分化，是玉米一生中生长最旺盛的时期。

(1)适宜气象条件

1)日平均气温达到18 ℃以上时，植株开始拔节，并随温度升高生长加快，适宜生长温度为25～27 ℃。

2)此期需水量为110～135 mm，占总需水量的30%左右。适宜的土壤相对湿度为70%～80%。

(2)不利气象条件

雄穗抽出前10 d到后20 d为玉米的需水临界期或关键期，也是需水高峰期。若此期土壤相对湿度<60%，水分条件不能满足耗水要求，会使茎叶生长变慢，植株体变小，小穗小花数减少，严重影响产量，此期的干旱称为卡脖旱。

(3)田间管理

1)穗期的生育特点及管理任务

穗期末，玉米的根干重达到最大值，茎叶生长基本停止，雌雄穗分化基本结束。此期由于玉米生长发育快，对水分和养分的需求量也较大，平均日耗水量为4.5～7.5 mm。水分不足时，会引起雌穗小穗分化减少，小花大量退化，造成穗粒数减少、雄穗抽不出，影响授粉受精。穗期氮、磷、钾的吸收量分别占全生育期总吸收量的52%，50%和72%。田间管理的中心任务是:合理运筹肥水，协调营养生长和生殖生长的矛盾，培育健壮植株，达到穗大粒多，为后期玉米高产打下良好基础。

2)穗期主要管理措施

①追肥。穗期是玉米一生中吸收养分最快、最多的时期，也是玉米追肥的主要时期，由于农家肥，磷、钾肥都已作为底肥或苗肥施入，因此穗期追肥主要是氮肥。

玉米穗期追肥一般进行2次，第1次在拔节期，第2次在大喇叭口期，两次追肥的比例依计划产量而定。亩产300 kg左右的中产田，拔节肥应重施，施肥量应占总追肥量的70%左右，其余30%的肥料在大喇叭口期施入，即采用前重后轻施肥法。亩产500 kg以上的高产田，可采取前轻后重施肥法，即拔节期追施总量的30%～40%，大喇叭口期追施60%～70%。氮素化肥应深施，深度以10～16 cm为好，施于行侧，拔节肥距植株8～10 cm处，穗肥距植株15～20 cm处。早期施得浅一些，中后期可适当深些。施肥应与灌水相结合，可使肥效显著提高。

②浇水。穗期玉米生长旺盛，加之气温较高，蒸腾蒸发量大，需水量较多，降雨不足的地

区，应及时灌水，保证玉米对水分的需求。穗期应结合追肥进行灌水，水量应掌握拔节水轻浇、攻穗水重浇，使土壤相对湿度维持在 70%～80%。

③中耕培土。穗期中耕一般进行 2 次：拔节前后结合追肥浇水可进行一次深中耕，深度以 5～7 cm 为宜；玉米封行前，可结合重施攻穗肥进行一次浅中耕，深度 2～3 cm。中耕时，一般行间深一些，根旁浅一些，以防伤根。

培土增厚了玉米根部土层，有利于气生根的发生和伸展，防止倒伏，同时有利于灌溉和排水。追肥后结合中耕进行培土可提高肥效。培土宜在拔节后进行，高度为 10 cm 左右。

2.1.3　抽穗—开花期

(1)适宜气象条件

1)日平均气温 25～28 ℃。

2)空气相对湿度 65%～80%，雨过天晴伴有微风有利于开花授粉。

3)土壤相对湿度在 80%左右。

4)此期需水量 50～60 mm，占总需水量的 14%左右。

(2)不利气象条件

1)日平均气温大于 32 ℃或小于 18 ℃，阴雨天气或空气相对湿度大于 80%，土壤相对湿度小于 50%，均不利于开花授粉。

2)日平均气温小于 24 ℃不利于抽雄。

(3)田间管理

玉米此阶段时间较短，田间管理措施与灌浆—成熟期合并。

2.1.4　灌浆—成熟期

(1)适宜气象条件

1)日平均气温 22～24 ℃。

2)每天日照时数 7～10 h。

3)土壤相对湿度在 70%～80%。

4)此期需水量为 130～160 mm，占总需水量的 35%左右。

(2)不利气象条件

在籽粒灌浆成熟时期，日平均气温超过 25 ℃或低于 16 ℃，均影响酶的活动，不利于养分积累和运转。15 ℃是停止灌浆的界限温度，低于 20 ℃时光合作用降低，灌浆速度减慢，高于 26 ℃则呼吸消耗增强，功能叶片老化加快，籽粒灌浆不足。

土壤相对湿度小于 50%，会造成籽粒不饱满，百粒重下降。

(3)花粒期(抽雄—成熟期)管理

1)花粒期生育特点及管理任务

从抽雄到成熟称为玉米的花粒期，大约经历 50～60 d。此期玉米的营养生长基本结束，生长中心转向籽粒。玉米抽雄散粉期，是对水分最敏感的时期，日耗水强度达 7.5～9 mm。此期如遇高温干旱，会抑制花丝伸长，缩短散粉时间，使结实率降低。籽粒形成阶段(受精后 10～15 d)，如果水肥供应不足，会使败育粒数增加，造成秃尖、秕粒或缺粒，这一阶段是决定穗粒数的重要时期。籽粒灌浆阶段(受精后 15～35 d)是玉米籽粒增重的关键时期，此期绿叶面积的多少，根系活力的强弱，土壤水分、养分是否充足，光照、温度是否适宜对玉米籽粒的增重影响很大。

田间管理的中心任务是：养根护叶、防止早衰，延长灌浆时间，提高灌浆强度，促进籽粒干物质积累，增加粒数，提高粒重。

2）花粒期管理措施

①施粒肥。追施粒肥是防止后期玉米叶片早衰的重要措施，花粒期高产玉米仍需从土壤中吸收 30%～40%的氮，40%～50%的磷，10%～20%的钾。在前期施肥较少或表现出有脱肥迹象时，应在吐丝期及时补施粒肥。粒肥以速效氮肥为主，施用量一般占总追氮量的 10%～15%。后期如脱肥，用 1%尿素溶液加 0.2%磷酸二氢钾进行叶面喷洒。

②浇水。玉米抽雄到蜡熟期需水量占全生育期总需水量的 40%～50%，水分不足，会造成雌、雄穗花期不遇，影响授粉结实。及时浇抽雄开花水，可以促进开花授粉，减少秃尖、缺粒；同时又可形成大量气生根，提高玉米叶片的光合强度，积累更多的营养物质。后期土壤相对湿度应维持在 70%～80%，但水分也不宜过高，土壤相对湿度超过 80%，会引起根系缺氧，导致根系早衰，降低粒重，因此，后期遇雨还应注意排涝。

③适时收获。河南省玉米收获时间普遍偏早，影响玉米产量。合理的收获时期应在苞叶发黄后 7～10 d，即在籽粒乳线消失时收获，一般可增产 10%左右。

2.2　玉米主要农业气象灾害及防御措施

2.2.1　干旱

（1）初夏旱

5 月下旬至 6 月中旬，是夏玉米的播种出苗期，若土壤相对湿度小于 60%，影响夏玉米正常播种出苗，出现初夏旱。

（2）卡脖旱

7 月下旬至 8 月中旬是夏玉米孕穗、抽雄时期，也是夏玉米一生中需水最多的时期。此期若出现干旱（俗称卡脖旱），会影响玉米抽雄、吐丝、散粉，甚至造成雌、雄花期不遇，从而形成大量缺粒与秃尖，并使灌浆过程严重受阻，产量明显降低。

防御措施　适时灌溉防止发生初夏旱，避免卡脖旱的发生。

2.2.2　阴雨

（1）花期阴雨

河南省夏玉米开花期一般在 7 月下旬至 8 月中旬，若此时出现持续阴雨天气，影响夏玉米的正常开花授粉，造成大量缺粒和秃尖，严重影响产量。

（2）连阴雨

1）苗期

从玉米小芽露出地面到三叶期时，玉米苗就不再靠种子提供的养分生长，而是从自身光合作用合成的有机物质中获取养分。这一时期，充足的阳光有利于培育壮苗，若遇连阴雨天气（连续降雨＞5 d），玉米小苗会因养分供给“断绝”产生“饥饿”而弱黄或死亡。如果这一时段降雨量＞100 mm，土壤透气性变差，根系无法再从土壤中吸收养分，对玉米小苗就更为不利。

2)拔节—抽雄期

拔节—抽雄期是玉米营养生长和生殖生长并进阶段，这一阶段是玉米秆长高、长壮、长粗、雌雄蕊分化的关键时期，充足的肥水和阳光对玉米多成粒、成大穗十分重要。若此期出现＞10 d的连阴雨天气，玉米光合作用减弱，玉米秆呈“豆芽形”，很瘦弱，常会出现空秆儿。

防御措施 及时清沟排水，防止田间积水。

2.2.3 雹灾

(1)玉米在发芽出苗期遭受雹灾，容易造成土壤板结、地温下降、通气不良，影响种子发芽和出苗等，灾后应及时疏松土壤，以利增温通气。

(2)在玉米拔节到抽雄，特别是大喇叭口期以前遭受雹灾，要及时中耕、施肥，加强田间管理，一般仍可获得较好收成。

(3)玉米抽穗后遭受雹灾，植株恢复生长的能力变差，对产量影响较大。如穗节被砸断，将严重减产甚至绝收；如果穗节完好，及时加强管理，促进植株恢复生长，可减少产量损失。

2.2.4 风灾

若小喇叭口期(株高 70 cm 左右)前遭遇大风，出现倒伏，可不采取措施，玉米会自行直立，基本不影响产量。若小喇叭口期后遭遇大风而出现倒伏，应及时扶正，并进行浅培土，以促进气生根下扎，增强抗倒伏能力，降低产量损失。此外，对易倒伏品种或种植密度过大有倒伏倾向的地块，应适时喷施玉米抗倒剂进行预防。

2.2.5 涝灾

玉米是一种需水量大而又不耐涝的作物，当土壤相对湿度＞80％时，植株的生长发育即受到影响，尤其是在幼苗期表现更为明显。玉米生长后期，在高温多雨条件下，根系常因缺氧而窒息坏死，活力迅速衰退，造成植株未熟先枯，对产量影响很大。玉米在抽雄前后一般积水 1～2 d，对产量影响不太明显，积水 3 d减产 20％左右，积水 5 d减产 40％左右。

防御措施

(1)对于遭受涝灾的玉米，要及早排除田间积水，降低土壤和空气湿度，促进植株恢复生长。

(2)当能正常下田时，应及时进行中耕、培土，以破除板结、防止倒伏、改善土壤通透性，使植株根部尽快恢复正常的生理活动；及时增施速效氮肥，加速植株生长，减轻涝灾损失。

2.3 玉米生育期主要病虫害及防治措施

2.3.1 青枯病

(1)发病症状

青枯病又称茎腐病。玉米乳熟末期至蜡熟期为青枯病的显症高峰期，多数叶片由下而上表现出青枯症状，少数为黄枯症状，也有的在乳熟期整株叶片突然出现青灰色、枯萎的早死现象：植株茎基部先发黄变褐，后变软，根系发育不良，根少而短，根和茎基部呈水渍状腐烂，果穗常下垂。茎基髓部因病原不同可见红色粉状霉（镰刀菌）或白色绒毛状霉（腐霉菌）（见图 2.1 及附彩图 2.1）。

图 2.1　玉米青枯病

（2）防治方法

1）种植抗病品种

如中育 919、豫禾 988、洛单 366、隆平 206、滑丰 6 号、滑丰 8 号、承育 5 号等杂交品种，除抗青枯病外，同时抗大、小斑病。

2）合理密植。

3）加强栽培管理

合理施肥，避免偏施氮肥，注意雨季排除积水；分期培土，及时中耕松土，避免各种损伤。

4）及时拔除重病折倒病株，收获后及时清除田间病残植株，深翻深埋或集中烧毁，可避免病害传播，并减少侵染来源。

5）茎基部发病时，可及时将四周的土扒开，降低湿度，减少侵染，待发病盛期过后再培好土。

2.3.2　小斑病

（1）发病症状

玉米从幼苗到成株期均可发病，造成较大损失，以抽雄、灌浆期发病为主。病斑主要集中在叶片上，一般先从下部叶片开始，逐渐向上蔓延。病斑初呈水浸状，后变为黄褐色或红褐色，边缘色泽较深。病斑呈椭圆形、近圆形或长圆形，大小为（10～15）mm×（3～4）mm，有时病斑可见 2～3 个同心轮纹（见图 2.2 及附彩图 2.2）。

（2）防治方法

1）推广种植抗病品种，可有效减轻小斑病的发生和为害。抗病品种同青枯病。

2）加强栽培管理，在拔节及抽穗期追施复合肥，促进健壮生长，提高植株抗病力。

3）清洁田园，将病残体集中烧毁，减少发病来源。

4）化学防治

发病初期用 50％敌菌灵 0.5 kg 加水 250 kg，或用 50％退菌特 0.5 kg 加水 400 kg，或用

图 2.2　玉米小斑病

50%甲基托布津 0.5 kg 加水 250 kg 喷雾。每公顷喷药液 1500 kg,每隔 7 d 喷一次,喷 2～3 次。

2.3.3　大斑病

(1)发病症状

以侵染叶片为主,也侵染叶鞘和苞叶。发病初期,叶片上出现水渍状青灰色斑点,以后逐渐沿叶脉向两端扩展,形成中央黄褐色、边缘褐色的梭形大斑,大的可达(15～20)cm×(1～3)cm。湿度大时,病斑在叶片正反两面产生大量灰黑色霉层,即病菌的分生孢子梗和分生孢子。病斑能结合连片,使植株早期枯死(见图 2.3 及附彩图 2.3)。

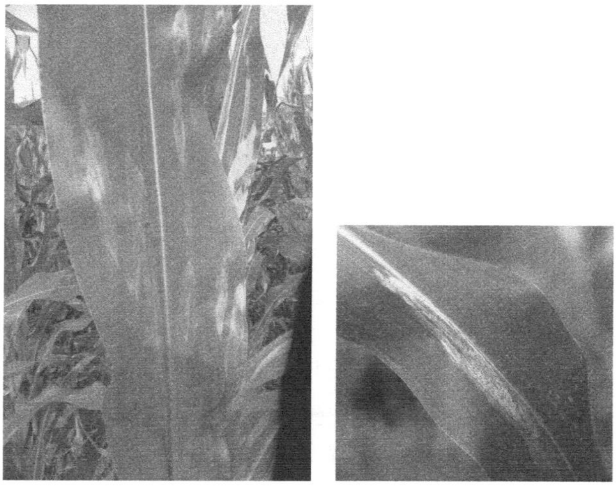

图 2.3　玉米大斑病

(2)防治方法

1)种植抗病品种。抗病品种同青枯病。

2)清除田间病残体,集中烧毁,或深耕深翻,压埋病源。

3)加强田间管理,增施有机肥,注意排灌,降低田间湿度,促使玉米健壮生长,增强抗病力。

4)化学防治

发病初期用50%敌菌灵0.5 kg加水250 kg，或用50%退菌特0.5 kg加水400 kg，或用50%甲基托布津0.5 kg加水250 kg喷雾。每公顷喷药液1500 kg，每隔7 d左右喷一次，喷2～3次。

2.3.4　玉米褐斑病

(1)发病症状

发生在叶片、叶鞘和茎上，以叶和叶鞘交界处病斑最多，常密集成行。初为白色到黄色小斑，逐渐变成褐色或紫褐色，圆形、椭圆形到线形，隆起成疮状，有时相互结合成褐色或紫褐色，病斑附近的叶组织常呈红色。后期病斑的表面破裂，散出褐色粉末(病菌的孢子囊)。病叶局部散裂，叶脉和维管束残存如丝状。茎上病斑多发生于节的附近(见图2.4及附彩图2.4)。

图2.4　玉米褐斑病

(2)防治方法

1)玉米收获后，及时清除田间病残株，深耕深埋，减少病菌初侵染来源。

2)合理排灌，降低田间湿度，创造不利于病害发生的环境条件。

3)不用病株作饲料或沤肥，否则必须充分腐熟后再施入田间。

4)重病田应和其他作物轮作2～3 a。

2.3.5　玉米螟

(1)为害症状

在玉米心叶期，初孵幼虫大多爬入心叶内，群集取食心叶叶肉，留下白色薄膜状表皮，呈花叶状；二、三龄幼虫在心叶内潜藏为害，心叶展开后，出现整齐的横排孔；四龄后陆续蛀入茎秆中继续为害。蛀孔口常堆有大量粪屑，茎秆遇风易从蛀孔处折断。由于茎秆组织受破坏，影响养分输送，玉米易出现早衰症状，严重时穗部发育不全，籽粒不饱满。初孵幼虫可吐丝下垂，随风飘移扩散到邻近植株上(见图2.5及附彩图2.5)。

(2)防治方法

1)在越冬虫羽化前(3月底以前)处理完玉米、高粱、棉花等越冬寄主的茎秆和穗轴，这是消灭越冬幼虫、减少越冬虫源基数的有效措施。

2)在黄淮海平原春、夏玉米产区，改春播为夏播，可使第一代玉米螟由于缺少寄主植物和

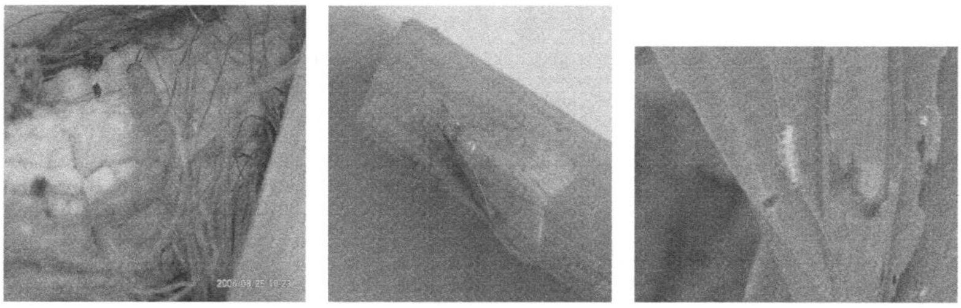

图 2.5　玉米螟

繁殖场所发生量锐减，而控制第二、三代的发生程度，减轻对夏玉米的为害。

3)在成虫发生期，设置黑光灯和性诱剂诱杀成虫。

4)种植抗虫品种。

5)在玉米螟产卵盛期，或每百株玉米上有卵 1～2 块时开始，每亩释放赤眼蜂 1 万头，隔 5 d再放 1 次，可有效控制玉米螟的为害。也可在玉米螟卵孵化期，用每毫升含 100 亿个孢子的 Bt 乳剂 200 倍液均匀喷雾。

6)在玉米心叶期，用粒剂撒药瓶向玉米心叶内定量撒施，每株 1 g。

7)在玉米穗期，用药剂灌注玉米雌穗。也可滴在雌穗顶端花丝基部，药液可渗入花丝，熏杀在雌穗顶部为害的幼虫。

参 考 文 献

陈怀亮，张雪芬. 1999. 玉米生产农业气象服务指南[M]. 北京：气象出版社.

董金皋. 2007. 农业植物病理学[M]. 北京：中国农业出版社.

方文松，朱自玺，刘荣花，等. 2007. 夏玉米水分-产量反应系数研究[J]. 干旱地区农业研究，**25**(2)：112-114.

李云瑞. 2006. 农业昆虫学[M]. 北京：高等教育出版社.

梁金成，高尔明. 1993. 栽培与耕作[M]. 郑州：中原农业出版社.

吕国强. 2008. 主要农作物重大病虫防治手册[M]. 郑州：河南科学技术出版社.

魏国强. 2008. 河南省玉米生产概况及发展对策[J]. 种业导刊，(3)：5-6.

许昌燊. 2004. 农业气象指标大全[M]. 北京：气象出版社.

第3章 水 稻

河南省水稻种植面积达950万亩，产量接近450万t。信阳是河南省著名的水稻主产区，具有发展水稻生产的优越区位和自然条件，自古就有种植水稻的传统，稻作历史达5000年之久。目前，信阳市水稻种植面积700万亩左右，占全省的70%以上。

信阳水稻年种植面积占信阳粮食播种面积的50%，占信阳粮食总产的70%，信阳稻区在生态上既属于“华南、华中中籼型”，又属于“华北、华中中粳型”，是典型的籼粳交叉地带。既是河南中籼稻的集中产区，又有发展中粳稻的有利条件，中籼稻的单产和品质在全国处于中上水平，生产成本在全国属于中低水平，加之其具有良好的区位优势，因此，发展稻米生产有助于提高信阳粮食生产的比较优势。近年来，随着新品种推广步伐的加快和配套栽培技术的完善，信阳优质稻的单产水平大幅度提高，优质与高产的矛盾得到了较好的解决。

3.1 河南省水稻种植气候区划

根据以水稻生长期的水分因子为主，热量条件和气象灾害为辅的分区标准，将全省分为5个水稻种植区。

3.1.1 淮南雨水充沛区

包括信阳市和南阳市桐柏县。该区水、热资源丰富，≥10 ℃积温为4800～5500 ℃·d，降水量为700～1500 mm，日照时数为1900 h左右，光合有效辐射为1674.72～1800.32 MJ/m^2。丰富的水、热资源，完全能满足稻麦两熟的要求。本区生产中的气候问题：春季气温不稳定，变幅大，有些年份还伴有连阴雨或低温连阴雨，易出现早稻烂秧死苗；秋季降温过快与秋冷偏早的年份，对晚稻灌浆成熟有一定威胁；水稻开花期的高温天气会造成空秕率增大；初夏旱和伏旱出现概率为20%，对水稻生产影响大。

3.1.2 豫西南雨水适中区

包括南阳市除桐柏县外的其他县，热量资源仅次于淮南。≥10 ℃积温为4800 ℃·d左右，降水量为700～900 mm，日照时数为1300～1400 h，光合有效辐射为1874.72 MJ/m^{2}左右。光、热资源可满足水、旱轮作的需要。降水分布差异较大，区内东部较中部丰沛。中稻生长期间，东部降水基本够用，中部不足，距水稻生理需水量缺少50～100 mm。影响水稻生产的气候因素：初夏的干旱(10 a 3～5遇)，盛夏的洪涝(出现概率30%)，春季的低温，开花期的高温。此外，水稻病虫害较多。

3.1.3 淮北雨水不足区

位于淮河以北，包括许昌市东部、商丘市东南部、周口和驻马店两市各县，该区水热资源不及淮南，但光照时数较淮南长。该区≥10 ℃积温为4500～4800 ℃·d，降水量600～750 mm，日照时数在1400 h以上，光合有效辐射为1674.72 MJ/m²。光、热资源基本能满足稻、麦两熟的需要。本区水分不足，中稻生长期间缺水100～140 mm，水稻需水关键期缺水50 mm左右。本区水稻生产中的气候问题：夏季雨水过于集中，并且多以暴雨形式出现，易发生洪涝灾害，平均10 a 4～5遇；另外，因降水变率大，初夏旱和伏旱易发生，造成麦茬稻不能适时移栽和生长关键期缺水，导致减产。

3.1.4 豫东北干旱引黄灌溉区

包括安阳、新乡、商丘三市北部和开封市各县，水、热条件较差，光照条件优。该区≥10 ℃积温为4500～4600 ℃·d，降水量500～600 mm，日照时数1500 h左右，光合有效辐射为1590.98～1674.72 MJ/m²。气温日较差大，日照时数多，对提高水稻千粒重和米质有利。本区水分条件不能满足水稻生长要求，麦茬稻生长期间尚缺水130～180 mm。本区是河南省旱、涝、风沙、盐碱、低温等各种自然灾害发生较多的地区，对水稻生产影响较大。初夏旱发生概率高达40%，为全省最多的地区之一。夏季因雨水过于集中，排水不畅，易造成夏涝。春季寒潮较多，温度变化不稳，对早稻育秧威胁大。

3.1.5 豫西北缺雨区

包括安阳、新乡两市西部，焦作市、许昌市西北部和洛阳市。本区北部是太行山东麓山丘，中部是豫西丘陵岗地，南部是伏牛山区。气候受地形影响较大，山区温度随高度递减，湿度随高度递增，降水量山区大于丘陵，迎风坡大于背风坡。本区≥10 ℃积温，太行山东麓在4300 ℃·d以下，伏牛山区为3600～4000 ℃·d，中部地区为4400～4600 ℃·d；降水量，山区为500～800 mm，丘陵区为500～600 mm；日照时数，北部为1400 h，中部为1300～1400 h，伏牛山区为1200 h左右。本区热量资源较差，稻麦两熟制，山区热量不足，其他地区能够保证。年降水量与其他稻区比，虽差异不大，但是在春稻和麦茬稻生长期间的降水量，比其他稻区少，尤其中部丘陵区，是全省缺雨最多的地区。

本区地势较高，地表径流大，土壤保水力差，地下水资源也没有其他区丰富。只有伊河和洛河流经的地方，水源条件较好，另外，阳平台和白龟山水库为鲁山、宝丰发展水稻提供了条件。本区生产中的气候问题：山区热量少，生长季短；春季气温回升慢，寒潮低温多，秋季降温快，秋冷来得早，对早稻育秧和麦茬稻安全齐穗有很大影响。在丘陵区，夏、秋时常缺雨，出现干旱。

3.2 沿淮地区水稻全生育期气象条件

3.2.1 温度条件

河南省沿淮地区日平均气温稳定在12 ℃以上的天数约为180 d，水稻生长季为140 d左右，适于中、迟熟品种，实行一季早稻、一季中稻栽培。水稻全生育期≥10 ℃积温为 3400 ℃·d 左右，≥12 ℃积温为 3300 ℃·d 左右。

3.2.2 降水条件

水稻全生育期降水量为 130.3～1147.0 mm，平均为 698.8 mm。降水量在 600 mm 以上的保证率为 66.7%，500 mm 以上的保证率为 86.7%，13.3%的年份降水不能满足水稻生长需要。水稻全生育期降水日数为 43～80 d。

3.2.3 日照条件

水稻全生育期日照时数为 602.4～1028.4 h，年际变化较大。日照时数呈不断下降趋势，给水稻的高产稳产带来不利影响。

3.3 水稻各生育期气象条件及田间管理

3.3.1 播种期

(1)适宜气象条件

播种期的确定主要考虑三个方面：一是气候条件适宜；二是品种特性要求；三是有利于前后茬口衔接。一般情况下，籼(粳)稻在地温、水温上升到 14 ℃(12 ℃)，或连续 3 d 平均气温稳定通过 10 ℃时可播旱秧或旱育抛秧，气温稳定通过 12 ℃时可播湿润秧。

(2)田间管理

播后要排除田面积水，晾晒 3～5 个晴天，随后对秧田灌水，以防秧苗受冻。

3.3.2 出苗期

(1)适宜气象条件

出苗的下限温度籼(粳)稻为 12 ℃(10 ℃)，在 12～18 ℃范围内，出苗速度随温度下降而明显延缓；温度≥20 ℃时，才能正常健壮出苗；25～30 ℃为出苗最适温度，38 ℃为出苗上限温度。根、芽生长对水分要求不同，水稻苗期具有湿长芽、干长根的特性。

(2)不利气象条件

40 ℃对催芽和种子具有致死性；秧田水深缺氧，或暴热、高温烫芽等易引发烂芽。

(3)田间管理

1)灌水

①立苗期(播种到秧苗 1 叶 1 心期)。保持畦面湿润，只在沟中灌水，通常是“晴天满沟水，阴天半沟水，小雨放干水”。如遇大雨，可放深水护苗，雨后把水放掉。

②扎根期(1 叶 1 心期至三叶期)。“天暖日灌夜排，天寒夜灌日排”，浅水与露田结合，既要通气，又要保证水分供应，有利于发根保苗。

2)施肥

在秧苗 1 叶 1 心至 2 叶时，每亩秧田施用尿素 2 kg；在秧苗 4 叶时，一般每亩秧田施尿素 6～8 kg，以促秧苗分蘖。

3)化控

控制秧苗高度,促进多发分蘖。每亩秧田用 15%多效唑粉剂 100～150 g,兑水 75 kg,于秧苗 1 叶 1 心期,对秧苗均匀喷洒。用药前一天排净秧田水,用药后隔一天正常灌水。

4)除草

除草剂拌细土撒施,施药时保持田面湿润,秧苗露水未干时不要施药,不能有积水,切忌水淹苗心,以防产生药害。

3.3.3 三叶期

(1)适宜气象条件

水稻幼苗长至 2～3 片叶时,胚乳中储藏的养分逐渐耗尽,秧苗开始离乳独立生活,这是秧苗生长过程中的一个转折期。这个时期秧苗对气象条件反应的特点主要表现在三个方面:一是耐寒力逐渐下降,易受低温(≤10 ℃)危害;二是耐缺氧能力大大提高,此时控制浅水灌溉有利于蒸腾、养分吸收和培育壮秧;三是对日照要求渐趋严格,日照不足时,秧苗发黄,变弱变白,抗逆性减弱,这是造成烂秧的主要原因。秧苗在 15 ℃以上条件下正常生长,20～25 ℃是培育壮苗的适宜温度。

(2)不利气象条件

当日平均气温为 12～14 ℃时秧苗生长缓慢,籼(粳)稻在日平均气温≤12 ℃(10 ℃)3 d 以上,易感染绵腐病,出现烂秧、死苗。日平均气温在 25 ℃以上时,秧苗细弱,移栽后叶片易枯萎、易发生病虫害。

(3)田间管理

做好秧苗补水,保持 3～4 cm 的浅水层;及时追肥;防治苗瘟病、立枯病、白叶枯病;清除苗床杂草。

在三叶—秧田分蘖阶段,低温冻害容易造成大面积损害,秧苗受到冻害会不同程度地发黄、枯尖、枯死。如遇寒潮可放深水护苗,寒潮过后应在 1～2 d 内慢慢将水放到原来的位置,不能把水很快放掉,否则容易造成青枯死苗;也可在低温来临前 2～4 d 叶面喷施天达 2116 抗旱壮苗剂进行预防;受冻后及时使用天达 2116 抗旱壮苗剂和恶霉灵对受冻秧苗进行修复,并抓紧时间进行补苗。

3.3.4 移栽—返青期

(1)适宜气象条件

水稻移栽后,一般都会由绿转黄,然后再由黄转绿,这段时间称为返青期。返青期一般为 7～10 d。气温低、日照少有利于返青,返青的适宜气温为 20～25 ℃。

(2)不利气象条件

气温低于 15 ℃难以返青。移栽后遇暴雨大风天气易引起浮秧及倒苗现象,高温、强日照易引起秧苗萎缩、返青迟缓。

(3)田间管理

1)培育壮秧

农谚说"秧好一半谷",在培育壮秧的基础上,移栽前 4～6 d 追施一次"送嫁肥"可促进秧苗萌发新根。

2)合理施肥

本田基肥最好是农家肥,少施化肥。基肥氮、磷、钾比例为 1∶0.5∶(0.3～0.5),可施非硝态氮肥,每亩施磷酸二铵 5 kg。插秧后到分蘖前,施返青分蘖肥,每亩施尿素 5 kg。

3)合理移栽

插秧规格为 30 cm×13.3 cm,每穴 2～3 棵苗,拉线插秧,做到行直、穴匀、棵准、不漂苗,插秧深度 2～3 cm,插后查田补苗。

4)灌水护秧

秧苗返青时灌深水护秧,水深 3～5 cm,但不淹心。若移栽返青期受淹,则返青缓慢、叶片发黄、根系腐烂、植株死亡直至重栽。

5)化学除草

水稻移栽返青后 3～5 d 结合施分蘖肥进行化学除草,施药后保持 3～4 cm 水层 5～7 d。切勿深水没过心叶时施药,谨防药害。每亩可选用 20%华星草克可湿性粉剂 25 g,或 14%水里欢可湿性粉剂 40 g,采用药土法或药肥法均匀撒施。

3.3.5 分蘖期

(1)适宜气象条件

分蘖是水稻营养生长的主要特征,也是决定单位面积穗数的关键。水稻分蘖期是指从第 4 片完全叶生长到稻穗开始分化的时期。此时期主要长叶、增蘖、生根,与温度的关系最密切,适宜日平均气温为 25～30 ℃。

(2)不利气象条件

日平均气温低于 18 ℃分蘖缓慢,16 ℃以下分蘖基本停止,30 ℃以上易形成无效分蘖。连阴雨、光照不足将延迟或减少分蘖,茎秆细弱,易得稻瘟病。

(3)田间管理

1)以水调温

水层应保持在 1～2 cm。分蘖期受淹分蘖数显著减少,生长状况变差,分蘖盛期与其他生育期相应推迟。淹水时间越长,危害越重,有效分蘖数越少,减产越严重。

2)适时晒田

有效分蘖期后,进入无效分蘖期,要及时排水晒田。排水晒田的基本原则:一是苗到不等时,每亩总茎数达到预期穗数的 1.2～1.3 倍时开始晒田,高产地块提倡够苗晒田;二是时到不等苗,移栽后 25～30 d 开始晒田,长势旺、土质烂、泥脚深的早晒、重晒,晒 7～10 d,长势差的迟晒、轻晒,晒 5～7 d,盐碱地、新开稻田只晾不晒。

3)病虫防治

此时期主要防治稻飞虱、纹叶病、一代螟虫。

3.3.6 拔节—孕穗期

(1)适宜气象条件

拔节孕穗阶段是水稻全生育期生长最快、吸收水分和养分最多、光合作用最强的时期,也是决定水稻是否穗大粒多的关键时期。

幼穗分化的最适日平均气温为 26～30 ℃,光照与幼穗分化关系密切,光照强有利于幼穗分化；从幼穗分化开始到抽穗，是水稻全生育期生理需水最多的时期，尤其以花粉母细胞减数分裂期对水分最为敏感。

（2）不利气象条件

幼穗分化的临界气温是15～18 ℃，最敏感的时期是减数分裂期，穗分化期低温阴雨、日照少，或者秧苗封行过早、田间郁闭，都会造成枝梗及颖花的败育。田间缺水受旱，不利于颖花发育。

（3）田间管理

1）适时灌水

拔节孕穗期是水稻需水最多的时期，宜适时灌水，水深约7 cm左右。

2）病虫防治

重点防治稻纵卷叶螟、稻飞虱、纹枯病、稻曲病、白叶枯病。

3.3.7 抽穗—开花期

（1）适宜气象条件

适宜气温为25～30 ℃，空气相对湿度为70%～80%。晴暖微风的天气最有利于水稻开花授粉。

（2）不利气象条件

气温低于23 ℃（籼稻、杂交稻）或20 ℃（粳稻）连续3 d以上，易形成空壳和秕谷；35 ℃的高温持续2 d，结实率显著降低；连阴雨对开花授粉不利；籼（粳）稻最低气温低于17 ℃（15 ℃），结实率显著降低；风速达4 m/s以上时，影响正常的开花授粉，6 m/s以上时影响更大。

（3）田间管理

1）适时灌水

保持水深3～7 cm，不能断水。

2）病虫防治

抽穗后白叶枯病、稻瘟病、纹枯病、稻飞虱、稻纵卷叶螟等病虫害易发生，必须加强预测，及时做好防治。

3.3.8 乳熟—成熟期

（1）适宜气象条件

开花后3～16 d灌浆速率最大，积累的干物质最多，昼夜温差大对灌浆结实有利。乳熟期适宜日平均气温为23～28 ℃，黄熟期适宜日平均气温为16～19 ℃。

（2）不利气象条件

日平均气温在15 ℃以下停止灌浆；灌浆期若遇35 ℃以上高温，千粒重下降，稻米品质变劣，产量降低，导致高温逼熟。

（3）田间管理

1）合理排灌

灌浆到蜡熟期实行间歇灌溉，干干湿湿，以湿为主；黄熟初期开始排水，要适当早排水。

2）病虫防治

做好穗颈瘟、稻曲病、白叶枯病、螟虫、稻飞虱、稻纵卷叶螟的监测和防治，当90%的稻株达到成熟时开始收获。

信阳市水稻1981—2007年发育期平均值见表3.1。

表3.1　信阳市水稻1981—2007年发育期平均值

发育期	播种	出苗	三叶	移栽	返青	分蘖	拔节	孕穗	抽穗（开花）	乳熟	成熟	全生育期≥10 ℃积温(℃·d)	全生育期天数(d)
日期（月-日）	04-26	05-02	05-13	06-03	06-10	06-18	07-09	07-31	08-09	08-24	09-14	3424.4	141

3.4　水稻主要农业气象灾害及防御措施

3.4.1　旱灾

(1)不同发育期干旱对生长发育的影响

苗期受旱会影响稻株正常生长、分蘖少、植株小；分蘖期干旱会导致分蘖停止，叶片枯萎，严重时植株死亡；拔节期前期受旱拔节受阻，甚至停止，导致前期分蘖大量死亡、有效分蘖大大降低；孕穗期受旱穗长缩短，籽粒数显著下降；抽穗期干旱影响抽穗，减产严重；灌浆期干旱粒重下降，影响产量。

(2)防御措施

1)优选品种

一般根系发达而又根深的品种比较耐旱，籼稻比粳稻品种耐旱，早熟比晚熟品种耐旱，大穗少蘖型比小穗多蘖型品种耐旱，可因地制宜选用。

2)培育壮秧

稀播粗壮秧比密播细瘦秧的发根力旺盛，抗逆力强，耐旱性能好。在易旱地区，育秧可采取旱地育秧和半旱地育秧，因为旱秧和半旱秧比水田培育的秧苗具有发根力强、根群旺盛和叶片厚硬等耐旱特性。

3)秧苗处理

若移栽期缺水，而稻田尚湿润时，可开穴旱栽，然后浇水定根。如果秧龄已足，而旱情严重无法移栽时，可先将秧苗暂时密植在有水的田里，以防秧苗拔节老化，待下雨后再移栽。

4)抗旱保苗

如果插秧后缺水，可在稻行间均匀地铺盖青草或树叶等，防止土壤水分蒸发。在水稻生育期间，要加强计划用水，进行节水灌溉，即控制比较耐旱的分蘖期灌水，保证从幼穗分化期到抽穗开花期的灌水，特别是要确保花粉母细胞减数分裂期的充分灌水。拔节到孕穗、灌浆期间，遇连续干旱，如果少量灌水一次，使田面保持湿润2～3 d，则结实率提高，穗粒数增加，产量会有明显提高。

3.4.2　涝灾

(1)洪涝对不同生育期的影响

幼苗期淹水，会造成秧苗窒息而死；移栽返青期淹水，返青缓慢、叶片发黄、根系腐烂、植株死亡；分蘖期淹水，分蘖数显著减少，生长状况变劣，最高茎蘖期与其他生育期相应推迟，淹水时间越长，危害越重，水稻产量三要素（穗数、结实粒数、粒重）全面下降，尤其是有效分蘖数减少；穗分化、孕穗、抽穗开花期对淹水最敏感，受淹稻株颖花分化受到抑制，部分植株含苞不抽，花粉发育畸形，甚至抽而不授粉；灌浆—成熟期淹水，灌浆受到抑制，千粒重下降，减产幅度随淹水深度和天数的增加而增大。

（2）防御措施

1）优选品种

选用根系发达、株型紧凑、茎秆坚韧、再生能力强的耐涝品种，并根据当地洪涝可能出现的时期，合理安排耕作制度、搭配品种和加强栽培管理，以避免或降低洪涝灾害的影响。

2）及时排涝

当洪涝发生后，及时排水，使苗尖及早露出水面，以免窒息死亡。涝害严重或涝害后遇晴好天气，不可一次将水排干，应使稻株有个逐渐恢复和适应的过程，避免蒸腾大于吸收而造成缺水枯萎。排水后，应根据稻苗生育情况，适当补施速效肥料，促使秧苗恢复生长，同时做好防病工作。

3.4.3 低温冷害

（1）低温冷害的类型

1）延迟型冷害

水稻营养生长期遇低温，生长缓慢，发育推迟。水稻生长季气温偏低的年份，往往出现延迟型冷害。

2）障碍型冷害

是出现在水稻幼穗分化—抽穗开花期的低温冷害，其中又以孕穗期和抽穗开花期为主，分为轻、中、重型冷害。

①轻型（晴冷型）。天气以晴为主，冷空气较弱，危害较轻。

②中型（晴冷或湿冷型）。晴冷型，天气晴，但降温强；湿冷型，天气阴雨，降温中或弱。

③重型（阴、湿冷型）。阴雨绵绵，降温强或中等。

沿黄稻区的低温冷害多为晴冷型、强降温，沿淮稻区三种类型都会出现，以湿冷型伴随中、弱降温为主，如果出现强降温，气温低又连续阴雨，会造成严重危害。

3）混合型冷害

混合型冷害指在水稻生长季内延迟型冷害和障碍型冷害同时发生，大多出现在沿黄稻区。

（2）冷害对生长发育的影响

秧苗生长期遇低温，尤其是三叶期以后，日平均气温低于 12 ℃（籼稻；粳稻为 10 ℃），易造成烂秧；返青期遇持续低温，返青活棵缓慢，生长不良；分蘖期遇低温，分蘖受到抑制，僵苗不发，延缓稻苗生长发育；幼穗分化期遇低温，发育推迟，颖花不育；抽穗开花期遇低温，造成颖花不育，空粒增加。

（3）防御措施

控制氮肥的施用量和施用时期，氮肥用量在前期要控制，施氮时期要后移；增施磷钾肥，磷钾肥可提高水稻的抗寒能力，促进早熟；重视有机肥的施用。

3.4.4 高温热害

早稻抽穗开花、灌浆期遇 35 ℃以上高温会受到伤害。常规稻连续 5 d 最高气温在 35 ℃以上、杂交稻(籼型) 连续 2 d 最高气温在 35 ℃以上,结实率显著降低。粳稻对高温危害最敏感,其次是籼稻和籼型杂交稻。

防御措施

(1)品种选用

一般来说,二系品种较三系品种抗高温热害。

(2)推迟播期

豫南地区,从大暑至立秋前,常出现高温天气,而“谷雨”下秧的水稻,正值花粉母细胞减数分裂期,如果将播期推迟 7 d 左右,正好错过高温期,从而避过高温热害。

(3)足苗晒田

当田间总茎数达到预期穗数时,要落干晒田。晒至地面有 2 mm 左右裂缝时,再行上水,这样可以控制无效分蘖,促进根系下扎,以吸收深层水分和养分。

(4)灌水护秧

保持田块有 6～7 cm 的水位,减缓高温热害的影响,结合浇水,每亩用 2%磷酸二氢钾或 50 ml 绿色经典兑水 30 kg 喷施,以增强水稻对高温热害的抗性。

3.4.5 低温连阴雨

水稻生长发育期间出现低温阴雨寡照,会给水稻生长发育带来严重影响,尤其是分蘖和灌浆结实期,光照不足会造成颖花高度不孕,光合作用受阻,碳水化合物积累与转移减少,减产幅度较大。信阳市 4—5 月低温和连阴雨指标见表 3.2。

表 3.2 信阳市 4—5 月低温和连阴雨指标

指标名称	具体指标
4 月份低温	连续 3 d 日平均气温≤12 ℃
4 月份连阴雨	①连续≥3 d 雨日(日降水量≥0.1 mm); ②连续≥5 d 阴雨(允许其中 1 d 阴天无雨)
4 月份低温连阴雨	①连续≥3 d 雨日(日降水量≥0.1 mm)且日平均气温≤12 ℃、过程雨量≥15 mm; ②连续出现 5 d 下雨(允许其中 1 d 阴天无雨)且至少有 3 d 日平均气温≤12 ℃、过程降雨量≥15 mm
5 月份连阴雨	①连续≥3 d 日降水量≥0.1 mm ②连续≥5 d 阴雨(允许其中 1 d 阴天无雨)

防御措施

(1)安全播种

关注天气预测预报,利用有利天气时段,选择适宜的播种期,预防早稻烂秧,或利用工厂育秧。

(2)合理施肥

促进早发,控制氮肥的施用,增施磷肥,配施钾肥和硅肥等元素。

(3)化学调控

在水稻孕穗、开花期及时喷施各种化学药物和肥料，如喷施硼砂、萘乙酸、激动素、过磷酸钙和氯化钾等。

(4)防治病虫

低温阴雨天气常会诱发腐生性病菌的侵害，因此要注意稻瘟病、纹枯病的发生，同时注意预防螟虫。

3.5　水稻主要病虫害及防治措施

水稻病虫害前期以二化螟一代、稻蓟马、烂秧病、纹枯病为主，中后期以两迁害虫及纹枯病、穗颈瘟、稻曲病、白叶枯病、二化螟二代、三化螟三代为主。各类病虫害的发生发展伴随着水稻的生长发育，在不同时段或发育期出现不同的病虫害(见图 3.1 和图 3.2 及附彩图 3.1 和附彩图 3.2)。

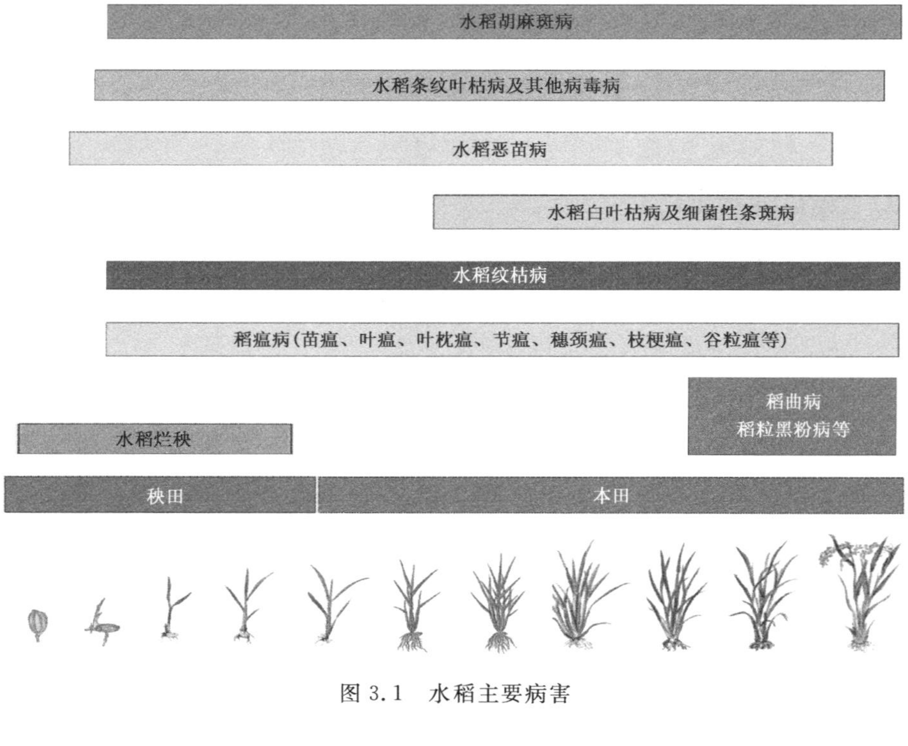

图 3.1　水稻主要病害

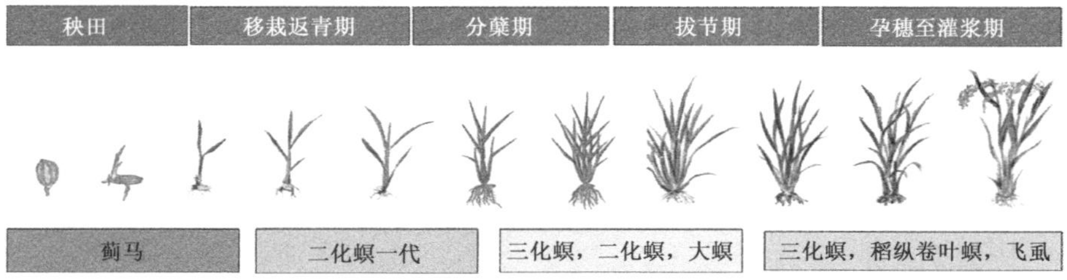

图 3.2　水稻主要虫害

3.5.1 稻曲病

(1)发生条件

稻曲病主要在水稻破口抽穗前感染发病。若水稻抽穗前后出现适温(26～28 ℃)、多雨、日照少的天气,则水稻生育期延长,易诱发该病(见图3.3及附彩图3.3)。

图3.3 稻曲病

(2)防治措施

1)农业技术措施

发病的稻田在水稻收割后要深翻,以便将菌核埋入土中。水稻播种前注意清除病残体及田间的病源物。清除田间杂草,合理施肥,氮、磷、钾要配合施用,不要偏施氮肥,防止氮肥迟施、过量施,避免穗肥偏多、水层过深。

2)药剂防治

用50%多菌灵1000倍液浸种48～72 h,进行种子消毒。田间用药量最适期在孕穗期,即大约中稻抽穗前10～14 d(最后1片叶始出时),进行第1次施药,破口始穗期进行第2次施药。每亩用20%井冈霉素37.5 g或50%井冈霉素500倍液防治;或用50%多菌灵可湿性粉剂100～150 g兑水喷雾;或用瘟曲敌180～200 g兑水喷雾。

3.5.2 稻瘟病

(1)发生条件

稻瘟病是水稻最严重的病害之一,每年均有发生,轻者减产,重者颗粒无收。由于该病传染的部位不同,分苗瘟、叶瘟、节瘟、穗颈瘟、枝梗瘟、粒瘟等。在水稻孕穗到抽穗阶段,稻田缺水干旱会引起穗颈瘟的严重发生;破口至齐穗期,当气温在20～30 ℃,特别是24～28 ℃,空气相对湿度在90%以上,且阴雨连绵、日照不足时,病菌最适宜繁殖,生长弱的稻株发病严重(见图3.4及附彩图3.4)。

(2)防治措施

1)合理密植,实行东西向宽窄行条栽,以利于通风透光,降低田间湿度。

2)浅水勤灌,适时晒田。

3)合理施肥,避免偏施或迟施氮肥,增施磷钾肥。

4)每亩用富士一号40%乳油或可湿性粉剂100 g兑水20 kg喷雾,或瘟纹净40%或可湿性粉剂100 g/袋80～100 g兑水20～30 kg喷雾。

图 3.4　稻瘟病

3.5.3　纹枯病

(1)发生条件

在高温高湿的环境条件下发病最盛,适宜日平均气温为 25～32 ℃,遇连续阴雨天气,病势发展快。过度密植、过多过迟追施氮肥,造成水稻旺长,加上长期水层灌溉,田间通风透光差,湿度大,有利于发病。矮秆多穗型品种,分蘖多,叶片密集,容易生病。分蘖、孕穗两个生育期易感染纹枯病(见图 3.5 及附彩图 3.5)。

图 3.5　水稻纹枯病

(2)防治措施

每亩用 12.5%烯唑醇可湿性粉剂 50 g 或 5%井冈霉素水剂 200 ml 兑水 50 kg 喷雾,重点喷施稻丛基部,12 h 内遇雨补喷;发病严重的田块在第一次施药 5～7 d 后再施一次药。喷药时间应选择在晴天上午露水落干后至 10 时,下午在 4 时后。

3.5.4　白叶枯病

(1)发生条件

水稻白叶枯病是细菌性病害。细菌主要在稻种和稻草上越冬,在已发病地区,主要通过有病稻草传播为害;无病地区主要通过带病种子传入。白叶枯病的发生、流行与气象、肥水管理、品种抗性都有密切关系,气温在 26～30 ℃,相对湿度在 90%,多雨、日照不足、风速大的气象条件,都有利于病害的发生、流行。水稻从苗期到成熟收获前均可发病,但以分蘖末期至抽穗灌浆期发病居多。该病一旦发生,很难救治,因此,必须以预防为主,进行综合防治(见图 3.6

及附彩图 3.6)。

图 3.6　水稻白叶枯病

(2)防治措施

1)合理施肥,浅水勤灌

秧田期要防止淹水,处理带病稻草,不用做浸种催芽覆盖物和扎秧把儿;分蘖期要排水晒田,增强水稻抵抗力。

2)化学防治

用药次数根据病情发展情况和气候条件决定,一般间隔 7～10 d 喷一次药,发病早的喷 2 次,发病迟的喷 1 次。每亩用 20%叶青双可湿性粉剂 100 g 或 70%叶枯净(又称杀枯净)胶悬剂 100～150 g,或 25%叶枯宁可湿性粉剂 100 g,或 10%氯霉素可湿性粉剂 100 g,或 50%代森铵 100 g(抽穗后不能用),或 25%消菌灵可湿性粉剂 40 g,兑水 50 kg 喷雾。

3.5.5　胡麻斑病

(1)发生条件

初传染源为病稻种和病稻草,高温、高湿、有雾露时发病重,土壤瘠薄,缺肥,特别缺磷、钾的地块发病重,沙质土和酸性土或长期干旱,发病也重(见图 3.7 及附彩图 3.7)。

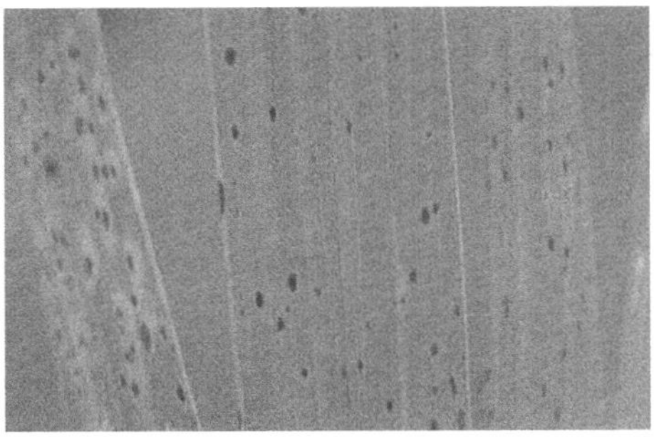

图 3.7　水稻胡麻斑病

(2)防治措施

切实抓好水稻破口期前三天的“破口药”,以及加强对历史病区,感病品种的防治,可亩用 20%三环唑 100 g 或 40%稻瘟灵 100 ml,兑水 60 kg 喷雾。

3.5.6　稻蓟马

(1)发生条件

蓟马喜欢温暖、干旱的天气,其适宜日平均气温为 23～28 ℃,适宜空气相对湿度为 40%～70%,湿度过大不能存活,当湿度达到 100%、温度达 31 ℃时,若虫全部死亡。在雨季,如遇连阴多雨,叶腋间积水,能导致若虫死亡。大雨后或浇水后致使土壤板结,使若虫不能入土化蛹和蛹不能孵化成虫。稻蓟马(见图 3.8 及附彩图 3.8)主要为害秧田期和本田分蘖期,受害后,田间常成块或成片黄焦,状如火烧,植株矮小,分蘖减少,生育延迟,为害严重的常因大面积叶片蜷缩枯死而成为毁灭性灾害,使水稻生产遭受损害。

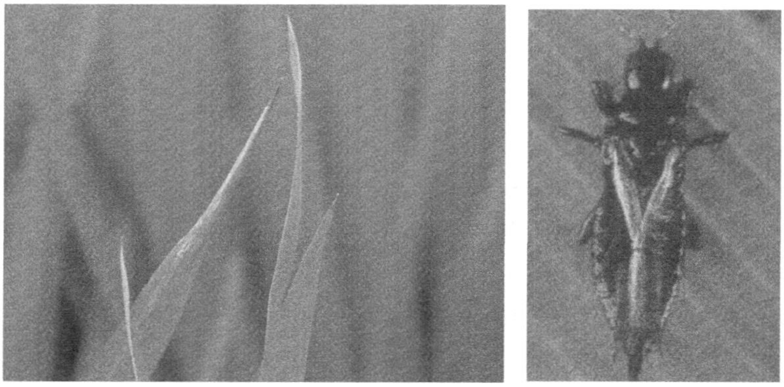

图 3.8　稻蓟马

(2)防治措施

1)催芽露白后或播种前,每 5 kg 左右种谷拌 10%蚜虱净(施可净)可湿性粉剂 25 g,可在 30 d 内基本控制稻蓟马,并可有效预防苗期稻飞虱和叶蝉为害。

2)用 35%好年冬种子处理剂拌种。用药量为干种子重量的 0.6%～1.1%,在常规方法浸种后拌匀药剂。

3)秧田和本田防治

可选择 25%吡虫啉可湿性粉剂 2000 倍液或 5%啶虫脒可湿性粉剂 2500 倍液,10%吡虫啉可湿性粉剂 1000 倍液或 20%毒·啶乳油 1500 倍液,4.5%高氯乳油 1000 倍液与 10%吡虫啉可湿性粉剂 1000 倍液,5%溴氰菊酯 1000 倍液混合喷雾,见效快,持效期长。为提高防效,农药要交替轮换使用。在喷雾防治时,应全面细致,减少残留虫口。

3.5.7　螟虫

螟虫适应温度范围为 16～30 ℃,幼虫在 22～25 ℃为最适宜温度。春季温度回升快,稻螟发生期提前;春季低温多湿,对越冬幼虫不利;夏季高温干旱对幼虫发育不利,水温持续在 35 ℃以上,幼虫死亡率可达 80%～90%。

(1)二化螟

第 1 代为主害代,越冬代成虫 4 月中旬始见,5 月上、中旬盛发,因越冬场所的不同,羽化很不整齐,可一直持续到 6 月上旬。第 1 代幼虫在 5 月下旬至 6 月上旬为害早栽早发的春稻,造成大量枯心、枯鞘,减产显著。二化螟第 2 代幼虫在 7 月下旬发生,为害比较分散,但生育期较短的水稻品种，7 月底前齐穗，常会遭到二化螟第 2 代集中为害，造成大量白穗，产量损失严重(见图 3.9 及附彩图 3.9)。

(2)三化螟

食性单一，只为害水稻。蛾子具趋光性，喜在多肥、嫩绿的水稻上产卵。豫南一年发生 3 代，第 1 代同二化螟基本同步，稍微偏晚，但数量较少；第 2 代在 7 月上中旬发生，主要为害晚栽的麦茬稻，造成枯心；三化螟第 3 代为主害代，主要在生育期偏长、8 月中旬前不能齐穗的田块造成大量白穗，受害严重的田块白穗率可高达 20%以上(见图 3.10 及附彩图 3.10)。

(3)大螟

区域性发生害虫，一般年发生 3～4 代，主要在靠近田边、地头的稻株上造成为害，发生早的第 1 代常为害小麦，3 和 4 代对水稻为害较重。随着氟虫腈的推广使用，有些地方大螟发生逐渐上升，由次要害虫上升为一个主要的防治对象，而且目前尚未有理想药剂(见图 3.11 及附彩图 3.11)。

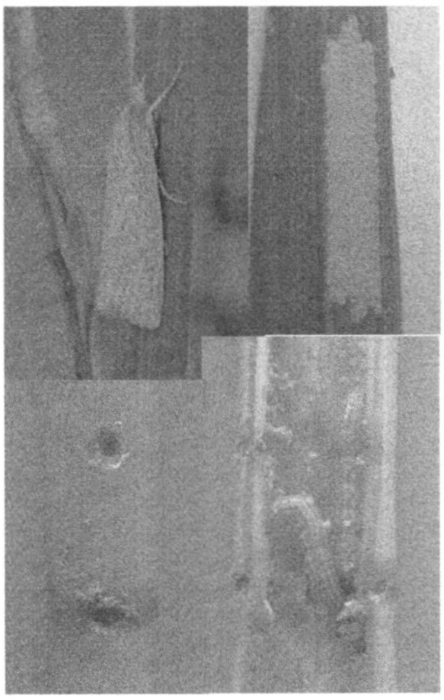

图 3.9　二化螟

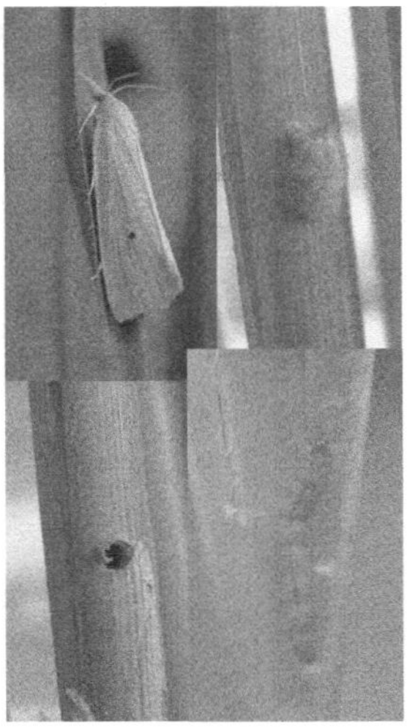

图 3.10　三化螟

图 3.11　大螟

(4)防治措施

低龄幼虫发生盛期，喷洒杀螟杆菌(每克含 100 亿活孢子)500 倍液，或 5%锐劲特悬浮剂 2000 倍液，或 20%杀虫双水剂 500 倍液，或 90%晶体敌百虫 500 倍液，或 50%杀螟松乳油 1000 倍液。

3.5.8　稻纵卷叶螟

(1)发生条件

稻纵卷叶螟(见图 3.12 及附彩图 3.12)以幼虫在禾本科杂草中越冬。每年春季越冬幼虫化蛹羽化，以后每隔 1 个月左右发生一代，晚稻以第三四代数量最多，为害最重。其生长、发育和繁殖的适宜温度为 22～28 ℃，适宜空气相对湿度在 80%以上；30 ℃以上高温或空气相对湿度在 70%以下，不利于它的活动、产卵和生存。在适温下，湿度和降雨量是影响其发生量的一个重要因素。雨量适当，成虫怀卵率大为提高，产下的卵孵化率也较高；少雨干旱时，怀卵率和孵化率显著降低。但雨量过大，特别在盛蛾期或盛孵期连续大雨，对成虫的活动、卵的附着和低龄幼虫的存活率都不利。

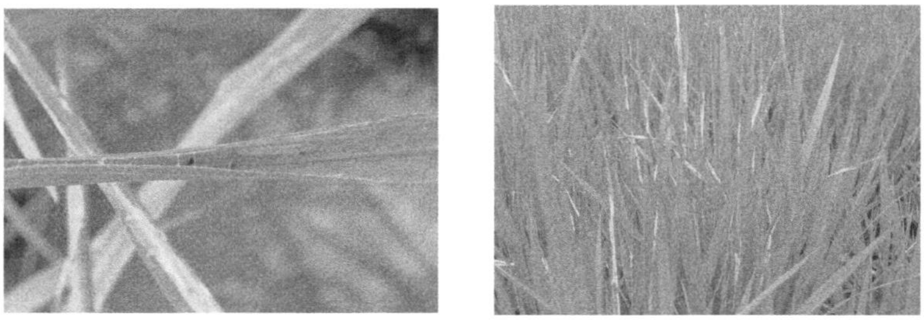

图 3.12　稻纵卷叶螟

稻纵卷叶螟主要以幼虫在秧苗期和孕穗期为害，一年发生 3～6 代，成虫白天栖息在稻叶背面，趋光性强，夜间活动。一般生长旺盛的田块，特别是施肥过迟、氮肥偏多，或长期灌深水，导致叶拉长披垂，易引诱虫产卵，并有利于卵的孵化和幼虫结苞为害，这类田块卷叶率常高达 78%～85%。

(2)防治措施

防治上应把稻纵卷叶螟控制在卵孵化盛期。如轻发生，每亩用 1.8%阿维菌素 50 ml 或 2%阿维菌素 45ml，兑水 15～30 kg(视水稻生长情况和虫情酌情增加用水量)喷施，间隔 15 d 再喷一次即可；如重发生(世代重叠厉害)，每亩用 1.8%阿维菌素 75～100 ml 或 2%阿维菌素 70～100 ml，兑水 15～30 kg 喷施，间隔 10 d 再喷一次。傍晚喷药药效更好。

3.5.9　稻飞虱

(1)发生条件

稻飞虱(见图 3.13 及附彩图 3.13)是威胁水稻的重要害虫，在河南不具备越冬条件，迁入成虫量的多少是当年发生虫害轻重的基础。全年发生量的大小还取决于气候条件、食料、天敌

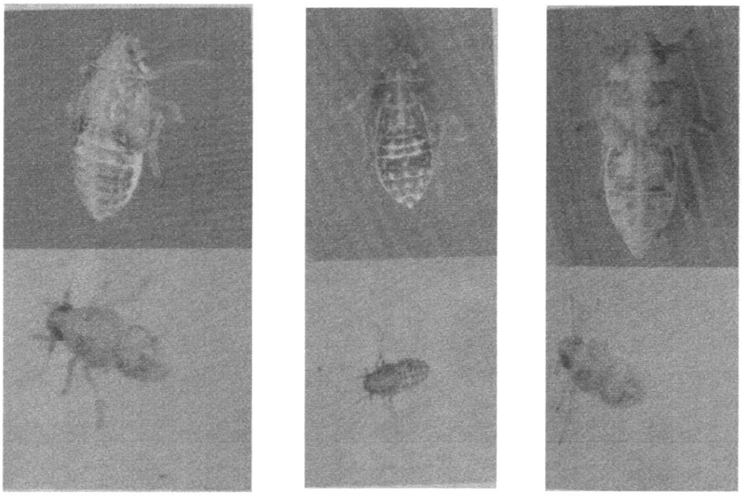

灰飞虱　　褐飞虱　　白背飞虱

图 3.13　稻飞虱

等因素。一般稻飞虱为害糯稻较重，其次是粳稻、籼稻，在籼稻中尤以杂交稻为重。其生长与繁殖的适宜温度为20～30 ℃，最适宜温度为26～28 ℃，空气相对湿度在80%以上。"盛夏不热，晚秋不凉，夏秋多雨"是褐飞虱大发生的气候条件；白背飞虱发育的最适温度为22～28 ℃，空气相对湿度为80%～90%。

(2)防治措施

卵孵盛期防治，每亩可选用25%扑虱灵80 g兑水45～60 kg喷雾；低龄若虫期防治，每亩可选用5%锐劲特50 ml，或40%毒死蜱(48%乐斯本)100～120 ml兑水45～60 kg喷雾；若田间虫卵量复杂，每亩可选用25%扑虱灵80 g+40%毒死蜱(48%乐斯本)100～120 ml兑水45～60 kg喷雾。

注：以上图片均源自信阳农业高等专科学校植物保护教研组《水稻病虫害综合防治技术》课件。

参考文献

程式华，李建. 2007. 现代中国水稻[M]. 北京：金盾出版社.

冯秀藻，陶炳炎. 1991. 农业气象学原理[M]. 北京：气象出版社.

龚绍先. 1988. 粮食作物与气象[M]. 北京：北京农业大学出版社.

苏祖芳，周纪平，丁海红. 2007. 稻作诊断[M]. 上海：上海科学技术出版社.

郑大玮，郑大琼，刘虎城. 2005. 农业减灾实用技术手册[M]. 杭州：浙江科学技术出版社.

第4章　夏大豆

大豆属高温短日照农作物。在较高的温度和一定的短日照条件下，生长发育速度加快，现蕾、开花及成熟时间提前，生育期缩短。相反，在较低的温度和较长的日照条件下，生长发育速度延迟，生育期延长。由于受人类栽培因素及各地自然条件和气候条件的影响，不同品种的遗传基因也有很大差异，表现出不同的生理生态反应，出现了众多的大豆栽培品种气候生态类型。因此，大豆的生态类型也比较复杂。

我国大豆最集中的产区是东北和黄淮海平原地区，河南省是黄淮海平原大豆产区的重要组成部分，夏大豆种植面积居全国第一位。20世纪五六十年代河南省大豆种植以春大豆为主，随着农业结构的调整，复种指数的提高，春大豆逐渐被夏大豆所取代，河南省成为我国夏大豆的主要产区。

根据2000年黄淮海夏大豆国家区域试验界定范围，河南省夏大豆种植区主要分为两个区域：

黄河以北属黄淮海夏大豆产区的中片，夏大豆生育期90～100 d。此区域无霜期180～220 d，常年≥10 ℃活动积温4000～4400 ℃·d，年平均气温12～14 ℃，年降水量500～700 mm，年日照时数1900～2500 h，日照百分率50%～60%。6月份干旱发生频率为50%～60%，雨涝发生频率为15%～30%；7—8月份干旱的发生频率为10%～30%，雨涝发生频率为30%～60%。

黄河以南至淮河以北属黄淮海夏大豆产区的南片，夏大豆生育期100～110 d。此区域无霜期200～220 d，常年≥10 ℃活动积温4400～4800 ℃·d，年平均气温13～15 ℃，年降水量700～1000 mm，年日照时数1800～2300 h，日照百分率50%～60%。6月份干旱发生频率为30%～50%，雨涝发生频率为20%～40%；7—8月份干旱发生频率为10%～30%，雨涝发生频率为30%～60%。

夏大豆早、中、晚熟品种在河南省均可种植，生育天数一般在90～110 d。根据河南省农业气象观测记录，不同品种类型的生育天数及所需≥10 ℃活动积温见表4.1，生育期常年平均值见表4.2。

表4.1　夏大豆不同品种类型生育天数及所需积温

生态类型	早　熟	中　熟	晚　熟
生育天数(d)	≤95	96～110	>110
≥10 ℃活动积温(℃·d)	2000～2300	2300～2600	2600～2800

表 4.2　河南省夏大豆生育期(月-日)常年平均值

生育期	播种期	出苗期	三叶期	分枝期	开花期	结荚期	鼓粒期	成熟期	全生育期天数(d)
林州	06-16	06-21	07-01	07-24	07-28	08-08	09-04	09-23	99
正阳	06-13	06-19	06-28	07-23	07-30	08-14	09-05	09-22	100
西华	06-13	06-20	06-27	07-20	07-29	08-13	08-31	10-02	112
永城	06-20	06-27	07-05	07-26	07-30	08-08	08-23	09-19	91

河南省大豆种植历史悠久，大豆是河南省主要粮油作物之一，但受气象灾害与病虫草害影响，导致产量低而不稳，同时大豆高产开发的科学技术研究力度不够，高产栽培经验普及率低，种植不规范，管理水平低下等，都制约着夏大豆产量的提高。

4.1　夏大豆生育期气象条件及田间管理

4.1.1　播种—出苗期

夏大豆播种—出苗期田间管理的主攻目标是：在保证足墒播种的前提下，充分协调好土壤温度与土壤湿度之间的关系，并保持疏松的土壤表层状态，为种子的吸水膨胀和幼苗的顺利出土创造良好的土壤环境，确保出苗齐、全、匀、壮，为优质高产打好基础。

(1)适宜气象条件

1)日平均气温在 22～26 ℃有利于出苗。

2)日平均气温在 18～20 ℃有利于种子发芽。

3)≥10 ℃活动积温在 110～130 ℃ · d 为适宜。

4)土壤相对湿度为 80%左右(即黏土地土壤湿度在 20%～22%，壤土地在 18%～20%，沙土地在 16%～18%)，有利于种子萌发和出苗。

(2)不利气象条件

1)日平均气温在 6～7 ℃时发芽缓慢；日平均气温在 30 ℃以上时发芽迅速，但幼苗柔弱。

2)日平均气温低于 12 ℃出苗显著延迟。

3)土壤相对湿度低于 60%时对出苗不利。

(3)田间管理

1)力争早播

夏大豆早播是夺取丰收的重要措施。河南省 5 月下旬至 6 月中旬都是夏大豆的适宜播种期，而且播种期越早产量越高。早播可以及早提高植被覆盖度，减少土壤水分蒸发，延长大豆营养生长期，多分枝，多结荚，有利于干物质积累，又便于在雨季来临之前清除杂草。

2)精选良种

为了达到苗齐、全、匀、壮的目的，在选用良种的基础上，对种子进行精选。将种子中的杂籽儿、病籽儿、破籽儿、秕籽儿和杂质去掉，选择饱满、大小整齐、无病虫害的种子。

种子精选后要进行发芽率和出苗率试验，要求发芽率在 95%以上，出苗率在 85%以上。如果发芽率或出苗率较低，要适当加大播量，以保证全苗。

大豆种子百粒重在 17～23 g 之间，行距 0.4～0.5 m 时，每亩用种量以 4～5 kg 为宜。

当前河南省种植的高产、优质、综合抗性好的大豆品种主要有：许豆3号、豫豆22号、郑196、郑92116等。

3)种子包衣

大豆种子包衣是将精选的种子包上种衣剂。种衣剂是由杀虫剂、杀菌剂、微肥、激素等制成的膜状物质，具有防治病虫害、供应种子萌发所需的肥料、刺激根系生长的作用。种衣剂在土壤中的药效可持续45～60 d。

4)轮作倒茬

轮作倒茬是大豆增产的一项重要措施。在同一块地上连续两年以上种植夏大豆会造成减产，原因是土壤中水解氮和速效钾明显减少，微量元素锌、硼等大量降低，土壤酶活性下降等，形成土壤养分的非均衡消耗；一些病虫害加重，如根腐病、孢囊线虫病、霜霉病、地老虎、蛴螬等。再者，大豆根系分泌的毒素积累，使土壤的理化性质恶化。因此，应进行轮作倒茬，避免连作给夏大豆生产带来不利影响。

5)增施底肥

在播种前耕地时增施底肥，其中有机肥每亩用量3000～4000 kg或饼肥40～50 kg，同时配施磷肥25～30 kg，尿素3～5 kg或碳酸氢铵20 kg，氯化钾15 kg。如果前茬作物施肥量大，土壤中残留养分多，可少施。可根据测土化验结果和大豆计划产量指标，制定施肥配方。

6)酌情翻耕、耙地

在前茬作物收获后，土壤墒情适宜时，播前翻耕、耙地，可疏松耕层，便于大豆根系下扎，减少水分蒸发，有利于土壤微生物活动和有机质分解，减轻病虫害和杂草为害。在播种前气温高、墒情差、蒸发量大的情况下，不适合耕耙，可以选择铁茬播种，抢时间，保全苗。

7)播后镇压

大豆播种后是否镇压，要根据土壤墒情而定。对底墒好、表墒差、土壤干松的地块，进行镇压不会造成土壤板结，而有利于种子吸水发芽，出苗加快，也可边播种边镇压。如果土壤湿度较大，表墒和底墒都好，播后不能镇压，以免造成土壤板结，出苗困难，形成缺苗。

8)防治病虫害

大豆的主要病虫害有紫斑病、霜霉病、孢囊线虫病、地老虎、蛴螬等，除前述防治措施外，还要用杀虫剂和杀菌剂进行土壤处理和药剂拌种。

4.1.2 出苗—分枝期

出苗—分枝期是大豆的幼苗生长期，是进行营养生长的阶段。主攻目标是：培育根系发达、侧根多、根瘤多、子叶肥厚、枝繁叶茂、幼茎粗壮、节间短、分枝多、叶片无缺位、叶色正的壮苗。

(1)适宜气象条件

1)日平均气温20～23 ℃，昼温20～30 ℃，夜温19～20 ℃。

2)需水量45～55 mm。

3)土壤相对湿度65%～75%。

(2)不利气象条件

1)日平均气温低于15 ℃，对叶片生长及分枝形成有较大影响；高于35 ℃，对豆苗生长不利，易形成高温热害。

2)降水量超过 70 mm,土壤相对湿度超过 80%,使基部节间伸长,幼苗黄弱,影响产量的提高。

3)土壤相对湿度低于 50%,对幼苗生长不利。

(3)田间管理

1)分类管理

对高水肥地块的壮苗,应适当蹲苗,以促进根系发育,防止后期倒伏;对旺苗要抑制生长,可深中耕 4~5 cm,促使根系下扎,为丰收打下基础;对苗弱、叶小、茎细、根少、叶色淡无光泽等生长缓慢的弱苗,要早追肥、早浇水,促使生长发育。

2)中耕灭茬

夏大豆多为铁茬播种,地硬而板结,加上小麦根茬,严重影响大豆幼苗生长。管理上要及时进行中耕灭茬,疏松土壤,改善土壤理化性状,协调土壤中水、肥、气、热的关系,促进根系生长和微生物活动,加速麦茬等有机物分解,提高土壤肥力。第1次中耕要在大豆长出真叶 10 d 左右进行。

3)查苗补苗

大豆出苗后,应逐行查苗。凡断垄 30 cm 以内的,可在断垄两端留双株;断垄 30 cm 以上者,应补苗或补种,补苗越早越好。

4)手工间苗

据试验,大豆手工间苗一般增产 15%~20%,有的可达 30%以上,尤其在播种量大、土壤肥沃、雨水较多的年份增产幅度更大。大豆手工间苗一般是一次性的,时间宜早不宜迟,在大豆齐苗后即可进行。行距在 0.4~0.5 m 时,株距应在 0.13 m 左右。拔掉疙瘩苗和弱、病、小苗,留壮株,达到幼苗健壮、均匀、整齐一致。

4.1.3 分枝—开花期

大豆是多枝、多花、多节作物,具有开花早(出苗后 30~40 d 开始开花)、花期长(30~50 d 不等)的特点。分枝—开花期主攻方向是:多分枝、多开花、多成荚。

(1)适宜气象条件

1)日平均气温 22~25 ℃。

2)降水量 35~40 mm。

3)土壤相对湿度 65%~75%。

4)每天日照时数 9~12 h。

(2)不利气象条件

1)日平均气温低于 17 ℃,对开花有一定影响。

2)降水量少于 20 mm,土壤相对湿度低于 50%时,形成干旱。

3)日照时数少于 5 h 或超过 12 h 都延迟开花,降低开花率。

(3)田间管理

1)追肥

施过基肥的地块,要在播后 20~40 d 开花前,每亩施尿素 5~7.5 kg,磷酸二铵 10~15 kg,氯化钾 5~7 kg。

2)浇水

分枝期干旱，豆苗瘦弱时，要适当灌溉，宜小水漫灌，以增加植株高度，促进花芽分化，为多开花、多结荚奠定基础。据试验，分枝期浇水一般可增产 7.7%，灌水量以每亩 12～15 m^3 为宜。

3)防治病虫害

主要防治对象是豆荚螟、豆天蛾、卷叶螟、红蜘蛛、霜霉病和花叶病。

4.1.4 开花—结荚期

花荚期是大豆生长发育最旺盛的时期，也是吸收养分、水分最多的时期，同时又是根瘤菌固氮的高峰期，之后开始下降。花荚期虽然是需水高峰期，但降水量不宜过多。花荚期的主攻目标是：增加植株体内养分积累，满足开花、结荚生长发育之需，促进多开花、多结荚，减少脱落；控制徒长，防止早衰和倒伏。

(1)适宜气象条件

1)日平均气温 21～23 ℃。

2)降水量 170～210 mm。

3)土壤相对湿度 75%～80%。

(2)不利气象条件

1)日平均气温低于 13～14 ℃，不利于结荚和籽粒形成；高于 40 ℃，结荚率减少 50%～70%。

2)土壤相对湿度低于 60%，开花结荚数减少或形成秕粒、秕荚，低于 50%时，形成干旱。

3)降水量超过 230 mm，阴雨寡照，茎叶生长过旺，导致花蕾脱落。

(3)田间管理

1)叶面喷肥

每亩用磷酸二氢钾 0.15～0.2 kg，尿素 1.0～1.5 kg，钼酸铵 0.02～0.03 kg，硼砂 0.079～0.1 kg，兑水 50～75 kg。这些肥料可单独喷洒，也可以加入农药与多种肥料混合喷洒。初花期和终花期在晴天下午 4 时左右各喷一次。

2)适时灌溉

当土壤相对湿度降至 60%时，必须及时灌溉，据各地试验，浇好花荚水是提高大豆产量的重要措施，增产幅度可达 15%～30%，在偏旱的年份增产幅度更高。

3)控制旺长

对前期长势旺、群体大、有徒长趋势的大豆要及早控制。可在初花期喷施生长调节剂 2，3，5—三碘苯甲酸。

4)摘顶心，防倒伏

种植具有无限结荚习性的大豆品种，土壤肥沃、有倒伏危险的豆田，要在开花末期前 10 d 左右，摘除顶心，控制旺长，防止倒伏。

5)遇涝排水

花荚期处于雨季，遇涝要及时排水，防止根系活力下降。

6)防治病虫草害

要及时防治大豆造桥虫、豆天蛾、蚜虫、灰斑病、病毒病、菟丝子等病虫草害。

4.1.5　结荚—鼓粒期

当大豆籽粒明显鼓起的植株达 50%以上时，进入鼓粒期。鼓粒期营养生长逐渐停止，以生殖生长为主，光合强度有所降低。此期光合产物和矿物质向籽粒转移。结荚—鼓粒期主攻目标是：保叶、保根，延长叶片和根系功能，充分利用气候资源增粒增重。

(1)适宜气象条件

1)日平均气温 21～23 ℃。

2)降水量 160～190 mm。

3)土壤相对湿度 60%～70%。

(2)不利气象条件

1)日平均气温高于 38 ℃会造成花荚脱落和品质降低。

2)日平均气温低于 14 ℃，对大豆鼓粒有一定影响。

3)土壤相对湿度低于 50%，形成干旱。

(3)田间管理

1)浇鼓粒水

大豆鼓粒期正处在 8 月下旬以后，降水高峰期已过，土壤湿度往往不足，因此，要根据土壤湿度和植株生长状态，结合天气预报及时浇好鼓粒水。亩用水量为 12～15 m^3。

2)防虫害

为害大豆豆荚和籽粒的害虫主要有大豆食心虫和豆荚螟等，应该及时防治。

3)叶面喷肥

在大豆鼓粒初期，每亩用尿素 0.3～0.5 kg 和磷酸二氢钾 0.07～0.1 kg，兑水 34 kg，加入 10～13 g 钼酸铵，叶面喷施效果更好。也可在浇水前亩施尿素 3～5 kg，磷酸二氢钾 0.5～1.0 kg。延长叶片功能期，提高灌浆速率，促进物质转化。

4)拔除杂草

在大豆鼓粒期杂草种子成熟前，要人工拔除田间杂草。

5)喷施植物生长调节剂

在大豆花荚期喷施生长调节剂 802、增产灵、矮壮素等，保花保荚，缩短节间，壮茎秆，防倒伏，促使及早成熟。

4.1.6　鼓粒—成熟期

鼓粒—成熟期，是夏大豆提高产量和品质的重要生殖生长阶段。不仅需要充足的阳光、适宜的温度、相对干燥的环境，以利于籽粒脱水成熟，同时还需要根系维持一定的活力，保持较强的吸收功能，以满足地上部分对水分和无机营养的吸收，延长绿叶寿命。因此，鼓粒—成熟期的主攻目标是：合理调控土壤湿度，保持根系活力，实现以根养叶，提高光合能力，促进养分运转，增加粒重，确保籽粒正常成熟与高产优质。

(1)适宜气象条件

1)日平均气温 18～20 ℃。

2)降水量 80～100 mm。

3)光照充足，无 3 d 以上连阴雨天气。

4)土壤相对湿度 60%～70%。

(2)不利气象条件

1)日平均气温在 8 ℃以下,籽粒受害。

2)降水量超过 110 mm,阴雨寡照,成熟期推迟,品质降低。

3)土壤相对湿度低于 50%,植株提前成熟。

(3)田间管理

1)加强土壤水分调控

土壤水分调控原则是:早期防旱,小水少灌;后期防涝,排水当先;前湿后干,护根养叶,夺取高产。

2)防治病虫害

豆天蛾、豆荚螟等害虫不仅嚼食豆叶,蛀食豆荚与籽粒,而且至 9 月中下旬附着在豆秆上结茧,或直接入土化蛹越冬,成为翌年为害的隐患。必须在大豆生长后期,采取人工捕捉、药剂防治或处理豆秆等方法消灭隐患。

3)清除田间杂草。

4.2 夏大豆主要气象灾害及防御技术

4.2.1 干旱

大豆是喜湿润不耐旱的农作物,干旱是影响大豆产量最严重的农业气象灾害之一。

(1)干旱对大豆产量的影响

不同阶段干旱的影响:以幼苗期干旱对产量的影响最小,减产 0.4%;分枝期减产 18.8%;开花、结荚期减产 32%～39%;鼓粒期减产 34.2%。大豆以开花、结荚、鼓粒期干旱减产最为严重。

(2)干旱危害指标

根据任久江等(1996),夏大豆各生育阶段土壤湿度干旱指标见表 4.3。

表 4.3　夏大豆全生育期土壤湿度(重量含水率)干旱指标　　单位:%

发育期	黏 土	壤土	沙土	相对湿度
播种—出苗	15～17	12～13	8～10	<50
出苗—分枝	13～16	11～13	9～11	<55
开花—结荚	14～17	12～14	10～12	<60
鼓粒—成熟	13～16	11～13	9～11	<55

(3)开花—结荚期其他干旱指标

日照及降水量指标:8 月中旬日照时数大于 82 h,降水量小于 20 mm。

(4)防御措施

1)选择抗旱品种,抢墒播种

选择根系发达、入土深、分布广、适合当地种植的抗旱品种。在前茬作物收获后,抢墒播种,有利于出全苗、育壮苗,增强抗旱能力。

2)深耕

深耕是抗旱保墒的重要措施之一,深耕可使土层疏松,增强土壤透水性,并能蓄积更多的降水或灌溉水,增强耐旱能力。

3)镇压

播后镇压可打破坷垃,减少土壤蒸发。对底墒好、表墒差、土壤干松的地块,要适时镇压,一般不会造成土壤板结,有利于种子吸水发芽,加快出苗。底墒、表墒均好的地块禁止镇压。

4)灌溉

在大豆开花、结荚和鼓粒期遇旱及时灌水,增产效果明显。根据大豆需水规律和当时旱情及时灌水,是提高大豆产量的关键措施。

4.2.2 涝害

大豆怕过水,花荚期降水量越大,受害越严重。地下水位高时,大豆根系发育不良,产量降低。当田间出现积水时要及时排除,减少损失。

4.2.3 低温冷害

(1)低温冷害指标

大豆低温冷害指标见表 4.4。

表 4.4 大豆各生育时期低温冷害指标　单位:℃

生育时期	发芽期	播种—出苗期	开花期	生殖器官形成期	籽粒形成期	成熟期
日平均气温	6～7	8～10	17～18	16～17	13～14	8～9

(2)防御措施

1)选择早中熟品种,适当早播,力争早出苗,躲避后期可能出现的低温危害。

2)要及时中耕除草,增施有机肥,增加磷、钾肥的比例,搞好病虫害防治,促使大豆提早成熟,防御低温冷害。

3)喷洒生长素、增产灵、叶面增温剂等药剂,调节大豆生理机能,增强抗逆性,促进成熟,也是防御大豆低温冷害,夺取高产稳产的有效措施。

4.3 夏大豆病虫害及防治措施

4.3.1 病害

大豆病害属侵染性病害,由病原微生物(简称病原物)和环境要素所致,导致侵染性病害的病原物主要有细菌、真菌、病毒、线虫和类病毒等。

夏大豆产区的病害主要有大豆灰斑病、腐霉根腐病、菌核病、霜霉病、花叶病、孢囊线虫病、大豆菟丝子等。

(1)大豆灰斑病的发生条件及防治措施

大豆灰斑病菌为害大豆的叶、茎、荚、籽粒,对叶子和籽粒的为害更为严重,常使绿叶枯萎、脱落,籽粒斑驳,严重影响大豆产量和品质。

1)发生条件

适宜灰斑病菌生长的温度为20～28 ℃,适宜分生孢子萌发的温度为25～33 ℃,低温和高温均不利于菌丝体生长。

天气干旱时病情扩展缓慢,在低温多雨条件下病斑发展快,可蔓延到生长点,使顶端变褐枯萎。

2)防治措施

①农业技术防治。选用抗病品种,做好种子处理;轮作倒茬,清除田间杂草和大豆残体,使田间通风透光,以降低田间湿度;收获后及时深耕。

②化学防治。在发病始期用70%甲基托布津或36%多菌灵悬浮剂500倍液,或40%百菌清悬浮剂600倍液等药剂,隔7～10 d防治一次,防治2～3次即可。

(2)腐霉根腐病的发生条件及防治措施

1)发生条件

腐霉根腐病是为害大豆苗期根部的主要病害,多发生在土壤湿度大或有积水的地块。

2)防治措施

加强检疫,防止疫区扩大;推广抗病品种,实行轮作;加强田间管理,及时排除田间积水,中耕松土,多施有机肥,增加土壤通透性,减轻发病;可用瑞多福霉等药剂处理种子和土壤。

(3)菌核病的发生条件及防治措施

菌核病主要侵染大豆茎部,在苗期、成株期均可发生,以花期为主,为害最重。造成苗枯、叶腐、荚腐等症状。

1)发生条件

适宜菌核萌发的温度为15～30 ℃,空气相对湿度在85%以上,土壤相对湿度在90%以上。种植密度大、通风透光不良的地块发病重。

2)防治措施

农业技术防治同大豆灰斑病和根腐病。

化学防治 在菌核病发病初期用40%纹枯利可湿性粉剂800～1200倍液或50%速克灵可湿性粉剂2000倍液,叶面喷雾,隔7 d再喷一次。在菌核萌发盛期,用40%菌核净可湿性粉剂1000倍液喷雾。

(4)霜霉病的发生条件及防治措施

霜霉病从大豆苗期到结荚期均可发病,主要为害大豆幼苗、叶子、豆荚和籽粒,严重影响产量和品质。

1)发生条件

适宜温度为20～24 ℃,种植密度大,田间湿度大,发病重;高温干旱发病轻。

2)防治措施

农业技术防治同大豆灰斑病和根腐病。

化学防治 发病初期,用75%百菌清可湿性粉剂500～1000倍液喷药防治,每隔15 d喷一次,连续喷2～3次;也可用75%瑞毒霉可湿性粉剂、50%福美双可湿性粉剂、65%代森锌可湿性粉剂各500～1000倍液喷药。

以上四种病害均属于真菌类病害,农业技术防治措施基本相同,化学防治施用药剂同属于杀菌剂,可以互用。但防治适期有很大差异,要结合植株发病情况进行适时防治。

(5)花叶病的发生条件及防治措施

大豆花叶病是通过种子、有翅蚜虫进行传播扩散的病毒性病害，常使叶子出现花叶、黄斑、卷曲、皱缩、矮化、贪青晚熟，影响光合作用的进行，一般减产 5%～15%，严重年份减产 60%以上。花叶病使病株籽粒出现褐斑，严重时病粒可达 50%以上，降低大豆品质。

带病种子播种出苗长成病株后，通过田间有翅蚜虫进行传播扩散，因此，选用抗病品种是防治花叶病最有效的措施。出现时要及时拔除田间病株，减少病源，并拔除田间杂草，铲除蚜虫滋生场所，还可用抗蚜威等药剂诛杀蚜虫，防止扩散和蔓延。

(6)孢囊线虫病的发生条件及防治措施

大豆孢囊线虫病是土传类病害，主要为害大豆根部，使植株发育不良、矮化和枯萎，结荚减少，重者全株枯萎。受害轻者减产 10%左右，严重年份减产 30%～50%，甚至绝收。

1)发生条件

大豆孢囊线虫病主要靠种子调运，田间耕作时的农具或人畜、排灌的流水或降水均可携带传播。大豆连作发病重，土质疏松、透气性好、干旱、保水保肥能力差的土壤为害重。土壤温度在 15～27 ℃范围内，温度越高发育越快，发生的虫量越多。土壤相对湿度为 40%～60%时，宜于发生线虫病；土壤湿度大，氧气不足，易使线虫死亡。

2)防治措施

农业技术防治同大豆灰斑病和根腐病。

化学防治　用 8%甲多、26-1 种衣剂进行种子包衣，防治效果可达 65%以上；草酸青霉素、茄病镰刀菌等菌剂，对大豆孢囊线虫病有较好的防治效果，同时可兼防根腐病。

(7)大豆菟丝子的防治措施

大豆菟丝子是一种大豆田间一年生恶性寄生杂草。大豆菟丝子藤茎呈丝线状，黄色或淡黄色，茎先端能旋转，接触到大豆等寄主就缠绕其茎上，吸根伸入寄主体内，吸取大豆等寄主体内的养料和水分，造成植株生长不良或枯死，严重时减产 50%以上，甚至绝收。

防治措施

1)清选种子

菟丝子种子很小，用过筛方法能够清除混杂在大豆种子中的菟丝子种子。

2)轮作

菟丝子种子不寄生禾本科农作物，因此大豆与禾本科农作物轮作可以减轻为害。

3)深耕

菟丝子幼苗出土能力差，种子在土表 7 cm 以下不易发芽出土，深耕可大大降低出苗率。

4)拔除病株

在菟丝子出现初期，应连同病株一起拔除，并带出田间烧毁。

5)化学防治

用国产地乐胺 48%乳剂 150～200 倍稀释液，在大豆开花始期喷药，防治效果可达 80%以上。始花期后抗药能力增强，可只喷病株。也可用 48%拉索乳油 200 ml，兑水 30 kg，在大豆出苗期均匀喷施。

4.3.2 虫害

(1)地老虎

地老虎又称地蚕、土蚕等,属鳞翅目夜蛾科,为多食性害虫,主要为害双子叶植物,是夏大豆产区的主要地下害虫。

防治措施

1)深耕

农作物收获后及时深耕,使土壤疏松,创造不利于幼虫越冬的土壤环境。清除田间杂草和落叶,苗期中耕除草,消灭地老虎产卵场所和幼虫。

2)诱杀

在大豆出苗前,每隔 3～4 m 堆放新鲜菜叶,诱集幼虫,每日清晨进行捕杀。对高龄幼虫,可在清晨扒开被咬伤幼苗附近的表土,进行捕杀。

3)化学防治

可用毒土、毒饵、喷雾、灌根等方法防治。

(2)蛴螬

蛴螬是金龟子科幼虫的总称,属鞘翅目。蛴螬是杂食性害虫,除为害大豆外,还为害花生、玉米、小麦、马铃薯、烟叶等农作物。为害时,以幼虫取食地下部分,可以咬断茎根,吃光种子,造成缺苗断垄;成虫取食叶子,严重时可将叶子吃光。

土壤相对湿度在 80%时有利于幼虫生长发育,过干、过湿都会造成大量死亡。

防治措施

1)秋季深耕,可以起到机械杀伤作用。

2)灌水防治。

3)施用充分腐熟的农家肥,减少卵源。

4)药剂拌种或在成虫发生盛期药物防治。

(3)豆荚螟

豆荚螟属鳞翅目螟蛾科,仅为害豆科农作物。以幼虫为害豆荚、花蕾和种子,造成瘪荚、空荚,严重影响产量和品质。

土壤过湿不利于豆荚螟幼虫存活。降水量大的年份或灌溉的地块都能提高豆荚螟幼虫和蛹的死亡率,土壤湿度达到饱和时,可使越冬幼虫全部死亡。

防治措施

1)农业技术防治

清除田间卷叶、落花、落荚,在开花结荚期灌水,与禾本科农作物轮作,深耕土壤,用黑光灯诱杀成虫等。

2)化学防治

在幼虫 3 龄前用药剂防治。

(4)豆天蛾

豆天蛾俗称豆虫,属鳞翅目天蛾科,主要为害豆科农作物。

防治措施

1)诱杀

成虫在夜间活动，有趋光性，可用诱虫灯诱杀。

2)捕捉

幼虫体大，适宜人工捕捉。

3)用药剂防治。

(5)大豆卷叶螟

大豆卷叶螟属鳞翅目螟蛾科，主要为害豆科植物。以幼虫蛀食花、蕾和豆荚，造成大量脱落，影响产量和品质。

大豆卷叶螟在多雨湿润的环境条件下发生重，干旱年份发生轻；密度大、长势旺的地块发生重，稀植发生轻；叶大、宽、毛少的品种发生重，反之发生轻；晚熟品种重于早熟品种。

防治措施

1)农业技术防治方法同豆荚螟和豆天蛾。

2)化学防治。在发现幼虫时，可药剂喷雾防治，每10 d喷药一次。

(6)大豆红蜘蛛的防治方法

大豆红蜘蛛属蛛形纲蜱螨目，为杂食类害虫。高温、干旱少雨的地区或季节有利于大豆红蜘蛛的繁殖，为害重。红蜘蛛繁殖的适宜温度为28～30 ℃，相对湿度在35%～55%之间。低温、多雨、大风条件下不利于其繁殖。

防治措施

1)提高苗质，科学施肥，合理密植，保证苗齐、苗壮，增强大豆抗红蜘蛛能力。

2)清除杂草。田间杂草是红蜘蛛寄主之一，及时清除田间杂草，可减轻为害。

3)合理灌溉，防止干旱。

4)在红蜘蛛点片发生时，如天气预报近期无降水，应采取化学方法，控制蔓延。应交换用药或混合用药，防止害虫产生抗药性。

(7)大豆造桥虫

大豆造桥虫属鳞翅目夜蛾科，常以幼虫咬食叶肉，严重时可将叶片吃光，造成落花、落荚，一般减产10%～15%。

防治措施

1)人工捕捉

在早晨将装有草木灰的容器靠近豆株，用扫帚轻扫，使造桥虫震落在容器内消灭。

2) 对初龄幼虫用青虫菌7216等生物农药1000～1500倍液喷雾，防效可达90%以上。

(8)大豆蚜虫

大豆蚜虫属同翅目蚜科，是豆科植物的主要刺吸式害虫。多集中在大豆植株的生长点、顶叶、嫩叶及嫩茎上刺吸汁液，也可侵害幼荚，造成叶片卷曲发黄、植株矮小、根系发育不良、生长迟缓、甚至死亡。植株受害后分枝及结荚数量减少，百粒重下降，产量降低，轻者减产20%～30%，重者减产50%以上。蚜虫还传播花叶病毒引起大豆花叶病毒病。

防治措施

1)及时铲除田间及田边、沟边杂草，消灭虫源。

2)用大豆种衣剂拌种防苗期蚜虫，药、种比例为1∶75。

3)在蚜虫大量发生时，用10%吡虫啉可湿性粉剂1000～2000倍液，或40%克蚜星乳油800倍液，或50%抗蚜威可湿性粉剂1500倍液，或2.5%天王星乳油3000倍液等药剂喷雾防治。

参考文献

陈应志. 2006. 大豆关键技术百问百答[M]. 北京：中国农业出版社.
高丁石，等. 2003. 18 种作物栽培技术要点及病虫害防治历[M]. 北京：中国农业出版社.
耿继光. 2003. 无公害农药应用指南[M]. 合肥：安徽科学技术出版社.
河南省中牟农业学校. 1984. 作物栽培学[M]. 北京：农业出版社.
胡国华. 2008. 无公害大豆安全生产手册[M]. 北京：中国农业出版社.
任久江，王咏涛. 1996. 农业减灾指南[M]. 北京：中国农业出版社.
山东农学院. 1980. 作物栽培学(北方本 下册)[M]. 北京：农业出版社.
郑大玮，郑大琼，刘虎城. 2005. 农业减灾实用技术手册[M]. 杭州：浙江科学技术出版社.
中国农业科学院. 1999. 中国农业气象学[M]. 北京：中国农业出版社.

第5章 棉 花

棉花是河南省主要经济作物之一,它是喜温喜光的短日照作物,不耐低温霜冻、阴雨渍涝和干旱高温。早熟品种全生育期170～180 d,需≥10 ℃活动积温3300～3500 ℃·d;中熟品种全生育期180～200 d,需≥10 ℃积温活动3500～3900 ℃·d;晚熟品种全生育期大于200 d,需≥10 ℃活动积温3900 ℃·d以上。棉花全生育期需水量450～650 mm。根据河南省气候特征,一般情况下,棉花从4月11日播种到10月31日停止生长,共205 d,≥10 ℃的活动积温有3450～4600 ℃·d,降水量为668～730 mm。河南省各地常年积温和降水量基本能满足棉花生长需要。

从光、热资源的分布来看,5—10月≥15 ℃有效积温、日照时数与皮棉产量呈线性关系,棉花生育期间光照充足、温度适宜,则铃重、衣分增加,产量高,品质好。晚熟品种生长期天数和≥10 ℃的活动积温略有不足,若遇春、秋季气温偏低或播种稍迟就明显不足。

降水量的多少或时空分布是否适宜,是影响棉花优质高产的重要因素。分析河南省棉花区域资料表明,在棉花生长季节,若降水适中、分布合理,棉花就能得到良好的生长发育,产量构成各因素协调发展,易于取得棉花的优质高产;若降水过多,尤其是棉花生育中期10～20 cm土壤相对湿度大于90%时,易造成棉株旺长,群体过大,田间郁闭,发生烂铃,影响吐絮,导致减产降质;若降水过少,影响棉株的正常生长发育,使植株变矮,棉铃变小,产量明显下降。

根据生态因素、经济因素和技术因素,参照主要生态因素的有关指标,在河南省全省范围内,划分出适宜、较适宜、较不利和不利四个主区,再根据地形、地貌、土壤、降水、水利等特点,划分若干亚区:

Ⅰ区:豫东平原及伊、洛、沁河平原植棉适宜区。

$Ⅰ_1$:豫东大平原亚区。

$Ⅰ_2$:伊、洛、沁河平原亚区。

Ⅱ区:南阳盆地较适宜区。

$Ⅱ_1$:盆底平原唐、白河灌溉亚区。

$Ⅱ_2$:盆缘丘陵亚区。

Ⅲ区:淮南、豫西丘陵较不利区。

$Ⅲ_1$:豫西丘陵温凉亚区。

$Ⅲ_2$:淮南温暖多雨亚区。

Ⅳ区:豫西、豫北山地植棉不利区。

$Ⅳ_1$:太行山地干旱亚区。

$Ⅳ_2$:豫西山地半湿润亚区。

5.1 棉花生育期气象条件及管理措施

5.1.1 育苗—五真叶期

棉花播期一般在3月中下旬至4月上旬，当日平均气温达10 ℃以上、床温达20 ℃左右时，即可播种。移栽期为4月下旬至5月上旬，从播种到移栽为40～45 d。

(1)适宜气象条件

1)营养钵育苗播种的日平均气温稳定通过10 ℃，5 cm地温稳定在10 ℃以上，床温≥20 ℃，期间有7～10 d晴好天气。

2)出苗后的适宜温度为18～20 ℃，要求以晴天为主，光照充足，利于培育壮苗。

3)移栽适期5 cm地温≥17 ℃，日平均气温为17～20 ℃，并且晚霜期已过。争取栽后有3～5 d晴好天气，利于成活，以促棉苗迅速发育早返苗。

4)五真叶期光照充足，最适温度25～27 ℃，最适土壤相对湿度为70%左右，风力小于5级。

(2)不利气象条件

1)棉籽儿播种后遇10 ℃以下低温，阴雨2 d以上(有降水且无光照)，出苗慢，易形成弱苗，甚至出现烂种、烂芽、烂床、不出苗。

2)出苗后遇风力5级以上，气温15 ℃以下，连阴雨3 d以上(有降水且无光照)，甚至出现晚霜冻等天气，不利于培育壮苗。

3)移栽期出现15 ℃以下低温、风力大于5级，不利于壮苗早发，成活率降低。

4)五真叶期出现干旱，10 cm土壤相对湿度在40%以下，成活率降低。

(3)田间管理

1)规范种植

采用规范6-2式和4-2式，适当扩大带宽，其标准是：6-2式带宽190 cm，种6行小麦占地宽100 cm，预留棉行宽90 cm；4-2式带宽150 cm，种4行小麦占地宽60 cm，预留棉行宽90 cm。采用上述两种配置方式，小麦收获后棉花呈宽窄行配置，平均行距75～85 cm，其中棉花窄行行距不小于50 cm，宽行宽100 cm，宽窄行配置有利于移栽和田间管理，同时能充分增高温度促早发，有利于建立棉花大中等个体的大群体结构，夺取高产。

2)选择适宜品种

为了减少麦、棉共生期小麦对棉花的影响和充分发挥移栽棉的增产潜力及优势，小麦品种应选用优质、抗病、抗倒、矮秆、晚播早熟和叶片上举的品种。

棉花选用高产、抗病、优质、苗期长势旺、后期不早衰的中熟或早熟品种。移栽棉品种首选杂交棉豫杂35、鲁研棉15、中棉所39等，抗虫棉品种选择神棉1号、鲁棉21、GK12、鲁棉18、中棉所41、DP99B等，常规品种如豫棉19、豫棉21等。

3)播前准备

①床址选择。苗床一般选择在背风向阳、水源方便、地势平坦、无枯萎病、无盐碱的地方，苗床宽度视塑料薄膜的宽度而定，一般宽为1.3 m，长10～13 m，深17～20 cm；对预留苗床地进行冬春耕翻，使之熟化，拣出石渣、草根等杂物。

②培育床土。肥沃的床土是培育壮苗的物质基础，施肥数量为每 18～20 m^2 苗床施优质农家肥 200～300 kg，腐熟人畜粪尿 200 kg，浅翻混匀成床土。3 月中下旬开始制钵，施苗床专用肥或每 18～20 m^2 苗床施过磷酸钙 300～450 g、硫酸铵 75～150 g，与肥土充分混匀后制钵。

③钵体选择。在肥土的基础上采用中钵体制钵，因为营养钵体体积的大小对苗床棉苗根系发育影响很大，随着钵体直径增大，根系生长量逐渐增加，侧根长度增加，侧、支根数增多，根系干重增加，促进地上部生长，主茎粗、展开叶数增加，叶面积增大，幼苗健壮，所以营养钵体以直径 6.5～6.8 cm、高 8.5～10 cm 为宜。

④种子处理。包衣种子不需晒种，不需种子处理。毛籽儿播前晒种，是打破棉种休眠、提高棉种发芽势的有效办法，一般在下种前 15 d 左右选晴天将棉种摊在木板和芦席上晒 3～5 d，晒种总时间 30～50 h，每天翻 3～5 次，以保证晒匀晒透，晒种时剔除棉种中的破籽儿和混在其中的光籽儿、绿籽儿、多毛籽儿、大白籽儿和畸形籽儿。

⑤适时播种。3 月下旬或 4 月上旬趁晴天下种，播种前 1 d 将苗床洇透；为了缩短棉种在土壤中的停留时间，应进行浸种，使棉种处在萌动状态，采用“三开一凉”温水浸种，浸种时间为 12～14 h，棉种应达到种皮软化，子叶分层；为防止枯、黄萎病和苗病，浸种时加入有效成分 0.3%的多菌灵胶悬剂；下种的最佳时间为上午 10 时到下午 2 时，随下种随覆土，随插成拱形棚，拱高 40～45 cm，覆土厚度一般为 1.5～2.0 cm，覆土后为防止苗蚜、地老虎等害虫，苗床上部可撒一些毒土或麦麸子；苗床上盖的塑料地膜应拉紧压实，同时在拱形棚的上部用绳子固定地膜，防止大风揭膜；在苗床的四周开深 0.2～0.3 m、宽 0.3～0.4 m 的排水沟，以便排水。

⑥苗床管理。苗床管理是培育壮苗的关键，培育壮苗主要是调温。播种出苗阶段，应掌握“高温齐苗”的原则，温度控制在 40～45 ℃为宜，因较高温度有利于成熟不一致的棉籽儿整齐发芽出苗，因此出苗前不必动膜，待出齐苗后可根据苗情通风降温；全苗至 1 真叶期，应掌握“适温长叶”的原则，床温控制在 25～30 ℃为宜，晴天应揭开膜两端通风降温，傍晚再封口保温；1 真叶至 2 真叶期，应掌握“降温促发”的原则，床温控制在 18～20 ℃为宜。晴天，开口处由两头扩大到两侧，早揭晚盖，因 2 真叶期前正是芽分化为果枝芽的临界叶龄，如这一阶段温度过高，超过 30 ℃，则不利于花芽的形成，推迟现蕾，并促使果枝节位提高；过了 2 真叶期，外界气温稳定在 18 ℃后，可逐步炼苗，使幼苗逐渐适应自然环境条件。苗床揭膜前一般不需浇水，揭去薄膜后，自然温度高，加上春季干燥多风，蒸发较快，要注意为苗床及时浇水，防止缺水老苗，当苗茎呈紫红色发暗无光泽时，表明棉苗缺水，要立即浇水，一次浇足，以钵体湿透为宜。移栽前进行苗床喷药，防治蚜虫和红蜘蛛，同时使棉苗带药进入大田。

4)适时移栽

育苗移栽常常处在温度较低或冷暖不稳定的时期，温度就成为影响发根还苗的主要环境因素。据试验观察，当 5 cm 日平均地温在 15 ℃以下时，移栽后难发出新根；17 ℃时约需 3～4 d才发出新根；≥19 ℃时，只要 1～2 d 便可发出新根。若移栽过早，遇到低温阴雨天气，不仅新根发生缓慢，还会引起棉苗子叶脱落，苗茎变红，甚至形成铁秆僵苗，缓苗期延长，并严重影响以后的生长发育。因此，移栽后 3～5 d 内需要有较高的温度和较好的天气条件，这些对于发根返苗特别重要，由此，提出 5 cm 日平均地温稳定在 17 ℃以上为麦套春棉移栽适期的温度指标。据河南省近 30 a 气象资料，一般年份，4 月下旬至 5 月初，气温可回升到 17～20 ℃，并且此时晚霜已过，棉苗也不致遭受霜冻危害，因此，4 月下旬至 5 月初，为麦套春棉移栽的适期。由于春季气温多变，在移栽适期的范围内，应尽量做到好天抢晴移栽，争取栽后有 3～5 个晴天，以促进棉苗迅速发根、早返苗。

5)保证移栽质量

①浇水洇苗。因湿钵移栽比干钵移栽的成活率高，发根返苗快，所以，移栽前要浇透一次“送嫁水”。因地制宜掌握浇水时间很重要，一般黏土地移栽前2 d浇水，沙土地移栽前1 d浇水。浇水一般以浇透为准，不宜过多，更不能大水漫灌，以防苗床积水，造成烂钵，起苗困难。

②起苗运苗。这是保证移栽质量的重要一环，起苗要细心，尽量保持钵体完整，以减少伤根损苗。可采用特制的起苗铲和移苗器起苗，做到轻起、轻运、轻放，随起随运随栽。

开沟栽苗。栽苗前按麦套棉预留好的棉行计划行距，用开沟器(或旧式犁)开沟，沟深约12 cm，做到开正、开直，深浅一致。

③施好“安家肥”。移栽前，顺沟集中施“安家肥”，促进根系生长，有利于壮苗早发。“安家肥”以优质有机肥为主，注意氮、磷结合，一般可亩施经过发酵腐熟的人粪尿或优质牲口粪250～300 kg，加饼肥25～30 kg、磷肥30～40 kg和尿素2.5～3 kg，混合均匀施入沟底。

④栽好苗。先是按株距放苗。移栽深度以钵体封土后平于地面为宜，移栽过深影响发根返苗，但在质地黏重的地块(俗称淤地)垄栽情况下，要适当深栽，以利于返苗发棵。移栽时，将苗摆正立直，先围土2/3按实，随即浇“团结水”，待水下渗后，再封土与地面相平。

⑤浇好“团结水”。移栽时适量浇好“团结水”，使钵体与土融合，满足棉苗发根返苗对水分的需求。浇水量应视土质和墒情而定，黏土地一般都要浇“团结水”，墒差多浇，墒好少浇。壤土和沙土地，墒差要浇水，在墒情良好情况下，可以不浇水，这样会返苗更快。一般采用提水点浇。每苗浇水0.25～0.5 kg，不要过多，以免降低地温，但遇严重干旱时，应灌足“团结水”，才能满足发根返苗的需求。

6)加强栽后管理

①中耕松土，促苗早发。栽后随即中耕松土，破除板结，弥合土壤裂缝。中耕时切忌触动钵体。返苗后(一般6 d返苗)要及时查苗补栽，并适当深中耕，促根下扎。

②适时浇水。移栽后，在浇好“团结水”的基础上，以中耕保墒为主，一般不浇水，以免降低地温，影响发育。遇干旱缺墒，要浇好返苗水，以促苗生根发棵。

7)及时定苗

五真叶期一般出现时间在5月中旬末至5月下旬，对于双棵或三棵苗者，要留大去小、留壮去弱，要用剪刀贴地表面将要去掉的苗剪去，切忌拔苗，以免损伤所留苗的根系；适当深中耕，迫使根系向深层发展，并结合深中耕分次培土，护根防倒；没有施“安家肥”的，应早施苗肥，亩施速效氮肥10 kg左右，促苗早发；移栽棉花与小麦的共生期长达25～30 d，此时正是小麦的需水高峰期，要根据土壤墒情进行灌溉，灌溉定额不宜过大，一般浇小麦时洇棉花即可，并注意地老虎、蚜虫、红蜘蛛的防治。

5.1.2 蕾期—花铃期

(1)适宜气象条件

1)蕾期

一般在6月上、中旬，此期间最适5 cm地温为25～28 ℃，最适10～20 cm土壤相对湿度为70%～80%，天气晴朗，风力小于5级，无冰雹天气。

2)花期

一般在6月底至7月中旬，此期间最适5 cm地温为26 ℃左右，最适10～20 cm土壤相对湿度为75%～85%，天气晴朗，风力小于5级。

3)花铃期

一般在7月中下旬至9月初，天气晴朗，光照充足，连阴雨少于5 d，最适5 cm地温为22～27 ℃，最适10～20 cm土壤相对湿度为80%～85%。

(2)不利气象条件

1)蕾期

5 d以上有降水，易使棉田病虫害发生；暴雨、冰雹、风力大于5级易使棉花叶片受伤，影响现蕾，生长受阻。

2)花期和花铃期

干旱后突降暴雨，蕾、铃易脱落；夜雨影响授粉，易造成花蕾脱落；10～20 cm土壤相对湿度在45%以下、5级以上大风易造成蕾铃脱落；5 d以上连阴雨过程易发生病虫害。

(3)田间管理

1)蕾期管理

麦收后要抓紧中耕灭茬培土，以防倒伏，有利于灌排。在壮苗早发的基础上，稳长发棵，搭好丰产架子，为增蕾早开花打好基础。管理措施以肥、水管理为中心(稳施蕾肥、轻浇蕾水)，协调好营养生长与生殖生长的矛盾。防治病虫害，特别是防治第2代棉铃虫。实现壮株稳长，促多现蕾早开花。

2)花期管理

初花期到盛花期一般15 d左右，是棉花一生中营养生长最快的时期，株高、果节数、叶面积的日增长量均处于高峰期，管理措施以肥水管理为重点。

①施肥。施肥水平高的地区，分初花期和盛花期2次施用，初花期施用速效与迟效混合肥料；盛花期施用速效化肥。施肥水平较低的地块，可一次多施。施肥时间应根据当地气象条件和棉株长相而定，干旱年份、瘦地和稳长棉株在初花期集中施入；多雨年份、肥地及旺长棉株要有2～3个桃后再施。

②灌溉。花期叶面积达最大，而且正值高温季节，叶面蒸腾强烈，棉株对水分反应敏感，如水分失调，则代谢过程受阻，大量花蕾脱落，易引起早衰。根据河南省气候特点，正常年份花期已进入雨季，土壤一般不缺水，棉株不致受害，而个别年份往往出现初夏旱威胁，应及时浇水。同时要注意天气预报，避免浇后遇雨，致使土壤水分过多引起棉株疯长。

3)花铃期管理

花铃期棉株逐渐由营养生长与生殖生长并进，转向以生殖生长为主，边长茎、枝、叶，边现蕾、开花、结铃，是决定产量和品质的关键时期。

①重施花铃肥。重施花铃肥是保伏桃、争秋桃、桃多、桃大、不早衰的关键措施。追肥量一般应占总追肥量的50%或更多一些。为了防止棉株早衰，促使多结铃，要根据土壤肥力和棉株长相适当补施盖顶肥(即桃肥)。

②适时灌排。花铃期是棉花一生需水量最多的时期，适宜土壤相对湿度为70%～80%，缺水易造成蕾铃脱落，严重时导致早衰。尤其是移栽棉和地膜棉，根系浅，受旱易早衰，要适时适量浇水。若降水量过大，田间有积水要及时排出，否则易造成花铃脱落。

③适时打顶。打顶是棉花最重要的整枝措施，其作用：一是打破顶端优势，抑制营养生长，

促进生殖生长，有利于蕾铃发育；二是减少后期无效花蕾，促进早熟；三是控制株高，改善株型，增加通风透光。打顶掌握的原则是“枝到不等时，时到不等枝”。“枝到不等时”：如亩密度为3000株，则每株达16～18个果枝时进行打顶，打1叶1心（一般在7月中旬）。“时到不等枝”：河南省在7月底生出的棉蕾到8月底开花，10月底才能吐絮，因此最晚打顶必须在7月底前。

④中耕培土。7月底到8月初结合施盖顶肥，进行最后一次中耕培土，调肥水，防倒伏。

⑤疏芽蕾去边心。赘芽随见随去；去无效花蕾掌握“8月底田间见花就留，见蕾和蕾以外的边心就揪；9月上旬田间见花和花以外的边心就揪”，以增加田间通风透光，减少无效消耗，提高铃重。

⑥化学调控。看苗化调，塑造理想的高产株型，协调营养生长和生殖生长，防止旺长，减少脱落，提高产量和纤维品质。分别于蕾期、初花期至盛花期、铃期喷施助壮素3～4次，每次每亩用量折合缩节安原粉分别为1～1.5，2～3，4和5～6 g，分别兑水为30，40，40和40 kg。

⑦病虫害防治。重点是枯、黄萎病，3代和4代棉铃虫，伏蚜，红蜘蛛，盲蝽象等。

5.1.3 裂铃—拔秆期

裂铃、吐絮（从棉铃开裂到吐出棉絮为脱水成熟期，需5 d左右）到拔秆一般在8月中下旬到10月下旬，长达75 d左右。

(1)适宜气象条件

晴天，风力2～3级，气温≥20 ℃，无连阴雨天气出现。

(2)不利气象条件

土壤相对湿度≤50%，风力5级以上，出现日平均气温低于15 ℃的连阴雨天气。

(3)田间管理

1)遇旱浇水

此期棉花正处在初裂铃吐絮期，只有少部分棉铃裂铃吐絮，大部分棉铃正在充实，还有一些幼铃正值膨大体积之时，这是增结秋桃、增加铃重、提高品质的关键时期，所以当土壤相对湿度低于50%时，应及时浇水，以水调肥，防早衰，增加光合产物的积累。但浇水量不宜过大，小水隔行沟灌，停水时间为9月中、下旬；若秋雨连绵，发生秋涝，应及时排水，防止贪青、烂铃。

2)合理整枝

剪空枝、去老叶，减少无效消耗，增加田间通风透光，促早熟，防烂铃。

3)及时摘桃

棉花若在吐絮阶段阴雨连绵，烂桃严重。要根据天气变化，及时采摘黄熟铃和老熟桃，对保产、提高纤维品质有重要作用。

4)适时摘花

一般5～7 d收摘一次棉花，在棉花采摘过程中，要坚持搞好“五分”，做到分收、分晒、分轧、分存、分售，确保优质优价，优棉优用。

5)适时拔秆

以≥15 ℃气温终止日为适宜拔秆期，一般在霜降前后拔秆。套作小麦要比单作小麦（玉米、大豆茬口）推迟播种10～15 d，播种量要适当增加，立足抢播，晚中求早，实现麦棉两熟、高产高效。

5.2 棉花主要农业气象灾害及防御措施

5.2.1 苗期低温与晚霜冻

(1)苗期低温

1)发生条件及危害

棉花出苗后抗寒能力逐渐降低,据试验,子叶期在−4.1 ℃时,全部死亡;1 真叶期在−2.7 ℃时,全部死亡;2 真叶期在−1.8 ℃时,全部死亡。但经过耐寒锻炼的 2 真叶期棉苗,叶面最低温度在−2.7 ℃时,未受伤害,最低气温在−3.2 ℃时,死亡率为 56.3%。在 4 月上旬末到中旬,正值营养钵苗床出苗后第 1 片真叶出现时,抗寒能力最差,虽然有地膜覆盖,但早晨棚内温度与棚外温度几乎相同,在 0 ℃以下。发生重霜冻后叶片呈水浸状,日出后叶片呈暗绿色,萎蔫下垂,受冻轻的可部分恢复,受冻重的经日晒后干枯死亡。不同苗龄的低温受害指标见表 5.1。

表 5.1 不同苗龄的低温受害指标 单位:℃

苗龄	刚出土		4 d	6 d	14 d
温度(℃)	−1～0	−3～−2	0	0	0
持续时间(h)	1	1	1～2	3	2～3
受害程度	发生冻害	幼苗死亡	轻微冻害	轻微冻害	50%幼苗受害

2)防御措施

①在最低温度出现前,人工燃烧湿柴草熏烟或施放化学发烟剂形成烟幕,可提高近地气层温度和防止日出后升温过快。

②可在晚上覆盖棉被、草帘、麦秸秆等物,以提高苗床内温度,防止冻害。

(2)晚霜冻

1)晚霜冻危害指标

极端最低气温≤0 ℃或地面最低温度≤−2.5 ℃。

棉花在吐絮前遇霜冻危害,纤维停止发育,品质差。若棉株上部及大部叶片死亡为轻霜冻,对产量和品质影响不大;若全部叶片和棉铃死亡为重霜冻,对产量和品质影响极大。

2)防御措施

①适时早播,早定苗,早开花,早现蕾。据试验,地膜覆盖可提早现蕾 20 d 左右。

②苗期勤中耕,提高地温,促使根系生长。

③蕾铃期确保肥水供应,促使早开花、早现蕾。

④喷施乙烯利等激素人工催熟。

5.2.2 干旱

棉花生育期的各个时期都有可能发生干旱,盛花期干旱指标为土壤相对湿度小于 60%。

(1)春末旱

4 月下旬至 5 月上旬,棉花移栽已结束,逐渐进入成活返苗、五真叶期,而此时也正是小麦灌浆成熟时期，耗水量大，正是与棉苗的“三争”时期。由于春季气温回升快、空气干燥、多风等，使土壤水分蒸发加快，同时棉苗成活后，生长加快，叶面积指数迅速增加，易发生春末旱。

(2)初夏旱

进入6月份，气温高，蒸发量大，移栽棉正处于现蕾始花期，既长根、茎、叶、枝，又要现蕾，不断增长果枝，是营养生长和生殖生长并进的关键时期，若遇干旱，将导致蕾少、蕾小，且易早衰。

(3)伏旱

进入7月份后，棉花处于花铃期，此期棉株逐渐由营养生长与生殖生长并进，转向以生殖生长为主，边长茎、枝、叶，边现蕾、开花、结铃，是决定产量和品质的关键时期。花铃期叶面积最大，且适逢高温季节，叶面蒸腾强烈，棉株对水分反应敏感，如遇干旱，代谢过程受阻，大量蕾铃脱落，并引起早衰，严重影响产量和品质。

(4)防御措施

1)选用耐旱品种

选择耐旱品种是棉花栽培的重要措施。

2)明浇小麦暗浇棉花

5月中下旬正是小麦灌浆期和棉花返苗至五真叶期，可采取明浇小麦暗浇棉花的办法，解决此期小麦与棉花争水的矛盾。

3)深耕灭茬

6月上旬小麦收割后，要及时深耕灭茬，深耕打破犁底层(此时棉苗根系较浅不会受到伤害)将麦茬翻在下面。麦茬腐烂可增加有机肥含量，提高地温，减小土壤容重，增加土壤蓄墒能力。

4)花铃期巧灌溉

花铃期出现干旱威胁，要巧浇水，根据情况灵活掌握。肥力差、棉株长势弱的要适当早浇；肥力足、长势旺的应适当晚浇。同时要注意天气预报，综合考虑未来天气，避免浇后遇雨，致使土壤水分过多，引起棉株疯长。花铃期浇水一般采用沟灌。

5.2.3 连阴雨

(1)花铃期

花铃期遇连阴雨天气，严重影响开花授粉结铃，常易造成棉秆旺长、大量蕾铃脱落、群体过大、田间郁闭、病虫害发生蔓延、产量低下。

(2)裂铃吐絮期

该期遭遇连阴雨天气，常发生烂桃，影响裂铃吐絮，导致贪青晚熟、减产降质。

(3)防御措施

1)花铃期及时剪去无效空枝、去掉老叶，减少无效消耗，增加田间通风透光，防烂铃，并及时防治病虫害。

2)裂铃吐絮期要改善田间通风透光条件，促早熟，防霉烂桃；同时摘除霉烂桃和老黄桃，提高产量和品质。

3)对于贪青晚熟的要催熟。催熟在9月底至10月上旬气温20 ℃以上时进行，亩用40%的乙烯利150～200 g稀释300倍喷施，以加速棉叶和铃壳上的有机养分迅速向纤维和种子转运,促使棉铃在停长前裂铃吐絮,防止僵烂,提高产量和品质。

4)雨后要及时中耕,雨涝要及时排水。

5.2.4 高温热害

(1)发生及危害

当日最高气温达35 ℃以上时,对花粉活性有抑制作用。

(2)防御措施

1)中午进行喷(水)雾降温。

2)中午加盖遮阴网,降低田间气温。

3)喷施0.1%的葡萄糖液,补充糖分的损耗。

4)喷施亚硫酸氢钠光呼吸抑制剂。

5.2.5 倒伏

(1)发生条件

1)棉花易倒伏的时期主要是花铃期,棵大铃重易倒伏。

2)浇水或下中雨后有4～5级风可造成部分倒伏,降水越多、风力越大,倒伏越严重。

(2)防御措施

及时培土,增强抗倒伏能力。若遇倒伏,应及时扶正,同时追施速效肥或叶面喷肥,降低产量损失。

5.3 棉花主要病虫害及防治措施

5.3.1 病害

(1)棉花枯、黄萎病及防治

1)棉花枯萎病

棉花枯萎病从棉花苗期到成株期都可发生,其症状表现因棉株生长发育期不同而有变化。一般自现蕾后期发病,苗期温、湿度高时也可能发生,花铃期为发病高峰期。识别枯萎病的重要特征是纵剖病株,可以看到木质部导管变褐色或深褐色(见图5.1及附彩图5.1)。

2)棉花黄萎病

棉花黄萎病在棉花现蕾期以后才开始表现症状,7—8月份棉花结铃后症状表现最明显。病株下部叶片先发病,逐渐向中、上部叶片发展。病叶叶缘主脉间出现不规则黄色斑块,叶缘稍向下卷曲,叶肉变厚,略呈“水肿状”。以后病斑逐渐扩大,主脉仍保持绿色,严重的脱落成光秆儿。大雨之后,病株也会萎蔫枯死,病叶似开水烫伤状。剖开病株茎秆,可见木质部导管变褐,但较枯萎病株色浅(见图5.2及附彩图5.2)。

棉花黄萎病的发生规律与枯萎病有许多相似之处,都是典型的土传病害,因此常将这两种病害放在一起叫枯、黄萎病。

图 5.1 棉花枯萎病

图 5.2 棉花黄萎病

3)气候条件与发病的关系

棉花枯、黄萎病与温度关系密切。枯萎病在苗期土温 20 ℃左右时开始出现症状，25～30 ℃时形成发病高峰；夏季土温高达 33～35 ℃时，病情受抑制，症状隐蔽；秋季气温下降到 25 ℃左右时，又出现第 2 次侵染高峰，所以，一般在全生育期间有 2 个发病高峰。黄萎病发病的温度较枯萎病低，所以发病高峰出现得较枯萎病晚，气温 25 ℃时发病率高，28 ℃时减轻，高于 30 ℃时发病缓慢，病情隐蔽。到秋季，若花铃期降水较多，不仅增加湿度，而且地温下降，出现发病高峰。

4)防治措施

根据不同棉区枯、黄萎病的发病情况，可分为无病区、轻病区和重病区三大类型，具体防治措施有：

①保护无病区。要加强植物检疫，不随意从病区引种、调种，以防病菌随种子传播。

②消灭零星病株。发现零星病株要及时拔除烧毁，把病株周围的病土挖去，并消毒。

③综合措施。推广抗病品种，制定科学的耕作制度，做到无病土育苗移栽。

(2)棉花铃病及防治

棉花铃病是棉铃在不良的气候条件下，受多种病原菌侵染所造成的。为害棉铃的病害叫棉铃病害，又叫棉花烂铃(见图 5.3 及附彩图 5.3)，常见的有棉铃疫病、红腐病、红粉病、炭疽病、曲霉病(细菌)等。

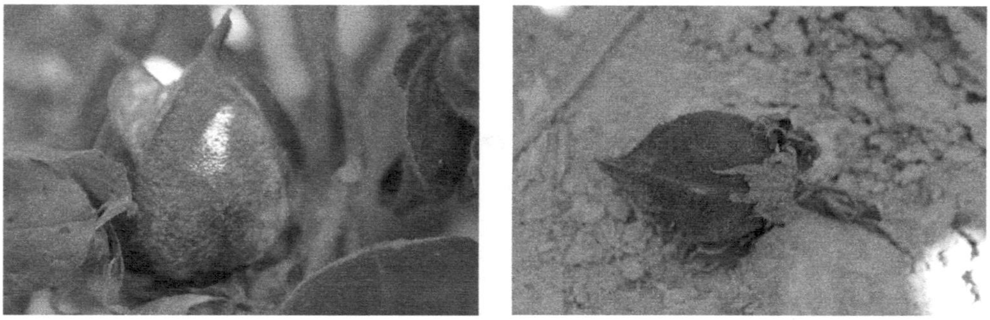

图 5.3 棉花烂铃(成兆金提供照片)

1)棉铃病害发生的特征及为害

棉铃病害从 7 月底 8 月初开始发生，8 和 9 月两个月，特别是 8 月下旬到 9 月上旬是发生高峰期，9 月上旬以后棉铃病害发生的速度减慢。

①棉铃疫病发生普遍而严重，是最严重的烂铃病害，约占烂铃总数的 2/3 以上；其次是红腐病和红粉病。

②河南棉区的炭疽病比长江流域棉区轻。

③棉株下部第 1 至第 3 果枝烂铃最多，愈往上的果枝烂铃愈少；成铃烂铃多，幼铃烂铃少。

④秋季多雨，棉田湿度大，发病重，烂铃多；秋季雨少、干旱，发病轻，烂铃少。

⑤棉田管理粗放，疯长郁闭，虫害较重，诱发烂铃病。

2）与气象条件的关系

温、湿度不适宜是烂铃的主要原因，特别是铃期久雨高湿时，烂铃严重。久雨后突然出现低温，不仅因湿度增加给病菌侵入创造了条件，而且低温又降低了棉花抗性，更易烂铃。一般情况下，日平均气温在 25～30 ℃，相对湿度在 85%以上，棉铃病发生重；日平均气温在 20～25 ℃，相对湿度在 80%以下，棉铃病受到抑制。但不同病原的侵染条件不同，如棉铃疫病的病菌生长最适温度为 22～25 ℃，在 15～30 ℃范围内都能侵染棉铃，但致病适温则为 24～27 ℃。一般每天降水 10 mm 以上，且连续降水 3 d 以上，易造成大量烂铃。8—9 月份的雨量和雨日是决定全年烂铃轻重的关键因子。

3）防御措施

①农业技术防治。一要合理施肥；二要排灌适宜；三要及时整枝，推株并垄；四要抢摘病烂铃和老熟桃。

②喷药保护。在开始成铃时喷敌菌丹、福美双、灭锈净 500 倍液 2～3 次，防效为 60%～70%；或用 1∶1∶200 的波尔多液每 7 d 喷一次，连喷 2 次，防效也可达 70%。

③选育抗病或避病品种。选育早熟品种或进行晚播，能起避病作用。

5.3.2　虫害

（1）棉蚜

1）发生与为害

棉蚜（见图 5.4 及附彩图 5.4）是棉花苗期和花铃期的重要害虫，一年中以无性繁殖的方式发生 20 多代。5 月，2～3 代棉蚜对小麦为害后产生有翅蚜迁向棉田繁殖为害。5 月下旬或 6 月上旬达到为害高峰。此后，由于天敌和气象条件等抑制因素，种群数量骤减。7 月上旬，种

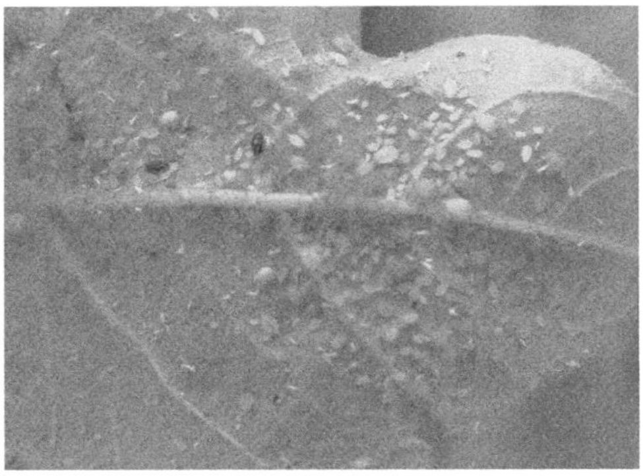

图 5.4　棉蚜

群数量再度回升，形成伏蚜。遇连续降雨天气后，数量下降。棉苗受害后，叶片皱缩向叶背卷曲，直至枯焦脱落，或者生长点受害不能正常发育。花铃期受害后，上部叶片卷缩，中部叶片呈现油光，下部叶片枯黄脱落，严重发生时，茎秆、蕾铃上均有大量蚜虫滋生，造成蕾铃秕瘦，大量脱落。

2)与气象条件的关系

棉蚜性喜干旱，对温度适应范围很宽。5 月中旬至麦收，麦棉共生棉田气温明显高于单作棉田，一般行间气温达 30～35 ℃，甚至 40 ℃以上，空气相对湿度低于单作，一般在 75%以下，造成棉蚜比单作发生严重。盛夏的干旱、低温(24～26 ℃)，特别是时晴时雨次数频繁，是棉蚜发生的最适气象条件。连续阴雨 5 d 以上且降雨量≥60 mm，空气相对湿度在 90%以上，常使棉蚜大量死亡。

(2)棉铃虫

1)发生与为害

棉铃虫(见图 5.5 及附彩图 5.5)食性很杂，每年发生 4 代，个别年份发生 5 代，是为害棉花的重要害虫。棉铃虫除直接取食营养器官外，重点为害棉株的蕾、花、铃。棉铃虫的初孵幼虫在棉花上可取食生长点及嫩叶、蕾、花。幼铃一经受害，苞叶张开，1～2 d 内即变黄脱落。成铃受害后，不能正常裂铃吐絮，经霉菌侵入或遇阴雨天气易形成僵烂铃。生长点受害严重的植株，可形成“破头疯”，果枝减少，影响结铃。一条幼虫一生可为害 10～15 个蕾铃，严重影响棉花的产量和品质。

图 5.5　棉铃虫

2)与气象条件的关系

棉铃虫性喜温、湿，其发生轻重，年度间主要受越冬基数及当年的温、湿度和降雨的影响。棉铃虫蛹的发育起点温度为 15 ℃左右，各虫态发育的最适温度为 25～28 ℃，适宜的空气相对湿度为 75%左右。

少数 1 代幼虫除在麦棉套种的小麦上为害外，也在早发的棉苗上为害。6—8 月份湿润多雨，有利于 2～4 代的发生。月降雨量在 100～150 mm 的年份发生严重，月降雨量超过 200 mm且 10 cm 以上土层的土壤相对湿度大于 100%时，棉铃虫蛹不能羽化而窒息死亡，特别是大暴雨对棉株上的卵和小幼虫有冲刷致死作用。

(3)棉红蜘蛛

1)发生与为害

棉红蜘蛛是由二斑叶螨、朱砂叶螨和截形叶螨等3种叶螨以其一种在棉田所构成的单一群或几个种共同构成的复合种群,是棉花苗期和蕾铃期的重要害虫,一般发生16～17代。棉苗受害后,叶片变红而皱缩,直至枯焦脱落,生长极度缓慢,其茎秆也变红,这就是棉农们常说的“红叶株”。蕾铃期受害后,叶片干枯而脱落,发生严重时,蕾铃脱落,甚至整株死亡。

2)与气象条件的关系

棉红蜘蛛性喜高温干燥,以温度26～30 ℃、相对湿度35%～55%时发育速度最快,繁殖力最高,取食为害最重。麦套棉田在麦棉共生期,由于小麦的遮蔽作用和棉苗迅速生长发育对水分的需求,使棉田小气候温度升高,湿度降低,有利于棉红蜘蛛的发生。据小气候观测,麦棉套种田的行间气温高于单作棉田的行间气温3～5 ℃,甚至8 ℃以上;而相对湿度麦棉套种行则低于单作棉田行间10%～20%。6月上中旬,一般年份干旱少雨,日平均气温≥26 ℃,空气相对湿度在40%左右,加之棉农忙于“三夏”而疏于棉田管理,给棉红蜘蛛大发生创造了有利条件,往往导致麦收后不久,棉田很快出现因棉红蜘蛛猖獗发生而造成的“红叶株”症状,若不能及时控制,则会对棉花造成毁灭性的灾害。

(4)棉盲蝽象

1)发生与为害

棉盲蝽象(见图5.6及附彩图5.6)主要是绿盲蝽,在棉苗期第1代成虫即开始大量发生和为害,此后于7,8和9月各发生一代,是棉花一生中的重要害虫。除直接取食营养器官外,重点为害棉株的幼蕾、幼铃。棉盲蝽象以成虫和若虫的口针刺吸为害棉株,棉花子叶期生长点受害仅留两片子叶称为“公棉花”。长出真叶后顶点受害,导致枝叶丛生呈扫帚状。嫩叶受害后,叶片出现不规则的孔洞或为破烂不堪的“破叶疯”。幼蕾、幼铃受害后即大量脱落,导致棉花疯长而严重减产。

图5.6　棉盲蝽象

2)与气象条件的关系

棉盲蝽象性喜温暖、高湿,对温度的适应范围宽,除最适发育温度要求日平均气温在12 ℃以上外,还要求很高的湿度。当空气中的相对湿度≥80%时,孵化率高达70%～100%,种群数量增加,为害加重,虫口密度还随降雨量的增加而增加。据统计,6月份降雨与蕾期虫口数量呈显著的正相关关系,降雨时间长,降雨量大则为害加重。

5.3.3 综合防治措施

(1)种植抗虫棉品种。

(2)重视越冬防治,减少越冬虫源。

(3)棉田尽可能避免连作,合理安排轮作作物,提倡不同作物的间作套种。冬前和早春及时清理作物秸秆和残枝,铲除田块内外杂草,力争秋播时进行土壤深翻,并进行冬灌和春灌。

(4)保护天敌,发挥自然控制作用。

(5)科学合理施用农药。

(6)科学化控,健株栽培。

参考文献

方文松,郑天宏.1998.棉花主要生育阶段水分指标[J].河南气象,(2):2-23.

郭志强,刘华伟,刘学义,等.2008.气象条件对棉花优质高产的影响及对策[J].气象与环境科学,**31**(增刊):162-165.

河南省农业科学院.1992.棉花优质高产栽培[M].北京:农业出版社.

河南省气象局.1982.河南省单项农业气候分析和区划成果选编(内部资料).

李淑英,刘华伟,刘学义,等.2008.棉花适期拔秆与气象条件的关系[J].农技服务,**25**(10):32-33.

刘学义,郭魁英,范力更.1995.太康县1994年第四代棉铃虫特大发生与气象条件的关系[J].河南气象,(2):32-33.

刘学义,王洪涛,高伟力,等.2008.棉铃虫发生程度与降雨量关系的研究[J].安徽农业科学,**36**(24):10532-10533.

罗家传,李建进,谢天丁.2005.优质农作物新品种及配套栽培技术[M].北京:中国农业出版社.

孙忠富.2001.霜冻灾害与防御技术[M].北京:中国农业科技出版社.

王登琪,刘学义,范小九,等.2006.麦棉套作主要虫害发生与气象条件的关系[J].河南气象,(4):56-57.

仵均祥,沈宝成.1997.麦套棉红蜘蛛大发生原因及防治技术[J].中国棉花,**24**(1):11-13.

郑大玮,郑大琼,刘虎城.2005.农业减灾实用技术手册[M].杭州:浙江科学技术出版社.

周有耀.2008.棉花高产优质栽培技术[M].北京:金盾出版社.

第 6 章　芝　麻

芝麻是胡麻科胡麻属一年生草本植物，是一种珍贵的油料作物，其油分含量达 54%左右，蛋白质含量为 22%左右，其油味香，质优，营养丰富，是食用油和医药、工业的主要原料，有着广泛的国际市场。

我国芝麻栽培历史悠久，分布十分广泛，是世界上四个芝麻主产区(印度、中国、苏丹、缅甸)之一，单产水平较高，种植面积仅次于印度，平均约为 1300 万亩。河南省是我国芝麻主产区，尤其是河南南部驻马店一带，2010 年芝麻种植面积为 155 万亩，约占全国芝麻总种植面积的 1/7，占河南省芝麻种植面积的 1/3，总产量 5.5 万 t，平均单产高出同期全国平均单产 29%。河南省芝麻种植以夏播为主，少量春播。

6.1　芝麻生育期气象条件及管理措施

芝麻是喜温作物，全生育期约 90～110 d，分为苗期、花蒴期和成熟期三个生育阶段，从 5 月下旬播种到 9 月上旬收获。全生育期≥10 ℃活动积温约 2400 ℃ · d，日照时数 750 h 左右，降水量 420 mm 左右。芝麻生育期间 20 ℃以上气温持续时间越长越有利于芝麻生长。芝麻苗期和成熟阶段要求温度稍低，花蒴期要求有足够的热量条件，全生育期忌剧烈降温。在其他条件较佳的情况下，产量与全生育期总积温成正相关。

在芝麻栽培过程中，单产、效益受气象条件、品种、栽培措施等因素影响。

6.1.1　播种—出苗期(5～7 d)

(1)适宜气象条件

1)日平均气温稳定达到 18～20 ℃时播种为宜。

2)发芽出苗的适宜温度是 24～32 ℃。

3)土壤相对湿度为 70%左右。壤质土耕层疏松，一般 5 d 左右基本齐苗。

(2)不利气象条件

1)温度过高或过低对发芽均不利。有关试验表明：当环境温度升高到 40 ℃以上时，发芽缓慢，温度低于 12 ℃或大于等于 50 ℃种子就不能发芽。日平均气温低于 20 ℃，播种后出苗一般需 7 d 以上，温度越低需时越长。

2)土壤相对湿度小于 60%时，出苗缓慢；土壤相对湿度大于 90%时，则土壤通气不畅，出苗率降低。

(3)管理措施

夏播芝麻要在麦收后抢时早播，或麦收前套种，以充分利用光热资源，保证热量供给。研究表明，每迟播 10 d 产量要下降 15%～20%。

播种时可通过土壤消毒和种子处理来防治地下害虫和苗期病虫害。

6.1.2　出苗—现蕾期(40～60 d)

(1)适宜气象条件

1)日平均气温在 20 ℃以上，随着温度升高幼苗生长速度加快。≥10 ℃积温>500 ℃·d，无低温天气出现。

2)光照充足，天气晴好，日照时数>200 h。

3)降水量<150 mm，无连阴雨和雨涝。

4)土壤相对湿度在 70%左右。

(2)不利气象条件

1)温度偏低，日平均气温<17 ℃，积温<500 ℃·d，有低温冷害。

2)光照不足，日照时数<100 h，易形成弱苗，抵抗力降低。

3)降水量>150 mm，有 10 d 以上的长期连阴雨。因雨涝时期长，导致苗期易形成“高腿”和草荒，影响苗期正常生长，严重者造成全田废弃。

(3)管理措施

芝麻出苗后要及时间苗，以促进芝麻幼苗的均衡健壮生长，防止“苗荒苗”。间苗时，发现缺苗现象要及时补栽。当芝麻长至 12～15 cm 高时，要及早定苗。

苗期要防旱排涝，重点以排涝为主，及时中耕松土。

6.1.3　开花—蒴果形成(30～40 d)

(1)适宜气象条件

1)日平均气温>26 ℃，积温>1000 ℃·d，有利于芝麻开花和结蒴果。

2)天气晴好，日照时数长，要求日照时数>300 h 为适宜。

3)降水量为 150～300 mm，无明显的连阴雨和内涝。

(2)不利气象条件

1)温度偏低，日平均气温<18 ℃，积温<700 ℃·d。

2)光照不足，日照时数<300 h，影响花蒴期的光合作用。

3)有 7 d 以上的连阴雨，或降水量>300 mm，并有内涝，造成开花结蒴率降低，从而影响产量。

4)连续无雨日数>10 d，降水量<120 mm。干旱少雨降低开花结蒴率。

(3)管理措施

花蒴期是芝麻需水的关键期，耗水量在 150 mm 以上，占全生育期总耗水量的 50%左右。该时期是旱涝多发时期，虽然芝麻较耐旱，但在这个时期，若光、热、水资源不足，产量将会明显下降。防旱排涝尤其是排涝是本阶段的重点工作。

一般在盛果期后，当主茎顶端叶节簇生，近于停止生长时，选晴好天气的上午摘除顶芽 3 cm，以减少水分和养分消耗，促进蒴果生长充实，减少花器脱落，从而增加粒数和粒重，提高产量。

6.1.4 蒴果形成—成熟期(20 d 左右)

(1)适宜气象指标

1)日平均气温>23 ℃,积温>500 ℃·d,有利于芝麻成熟。

2)天气晴好,日照时数要求在 120 h 以上为适宜。

3)无连阴雨,降水量<100 mm。

4)无大风,风力≤4 级。

(2)不利气象条件

1)温度≥35 ℃,易炸蒴,日平均气温≤20 ℃,热量不足,不利于成熟。

2)光照不足,日照时数<120 h,对芝麻的产量和品质有很大影响。

3)连阴雨>7 d,内涝,降水量>100 mm,芝麻生芽,不利于芝麻的成熟和收获。

4)风力≥5 级芝麻易炸蒴。

(3)管理措施

对于成熟的芝麻,要抓紧抢收抢打,芝麻的收获以无风的早晨为佳,不至于炸蒴和掉粒,可减少经济损失。

6.2 芝麻主要病虫害及防治措施

芝麻的主要病害有枯萎病、炭疽病、青枯病、疫病、茎点枯病等;主要虫害有小地老虎、蚜虫、盲蝽象等。这些病虫害的发生,会引起芝麻生长不良或死亡,对产量和品质的影响很大,必须加强防治,及时选用适宜药剂将病虫害控制在始发期。

6.2.1 病害

(1)枯萎病

1)为害症状

俗称"半边黄"或"黄死病",苗期发病,植株猝倒。成株期发病时,叶片由下向上逐渐变黄而枯死,病根一部分先变褐色腐烂,茎部受害处的维管束变黄褐色(见图 6.1 及附彩图 6.1)。

2)防治措施

发病初期用 60%百菌清可湿性粉剂 500~600 倍液,或 25%咪酰胺乳油 50 ml 加水 30 kg 喷雾,间隔 7~10 d 再喷一次。也可用 10%双效灵 250 倍液灌根防治。

(2)茎点枯病

1)为害症状

病株茎秆基部初生黄褐色病斑,后扩大,病斑中部变为深灰色,上面密生黑色小点,俗称"黑杆疯"或"黑杆病"。发病后,叶片全部萎缩下垂,易于折断,病株较健株矮小(见图 6.2 及附彩图 6.2)。

2)防治措施

盛花期喷 50%多菌灵 500 倍液,或甲基托布津 800~1000 倍液喷雾防治。

(3)青枯病

1)为害症状

图 6.1　芝麻枯萎病

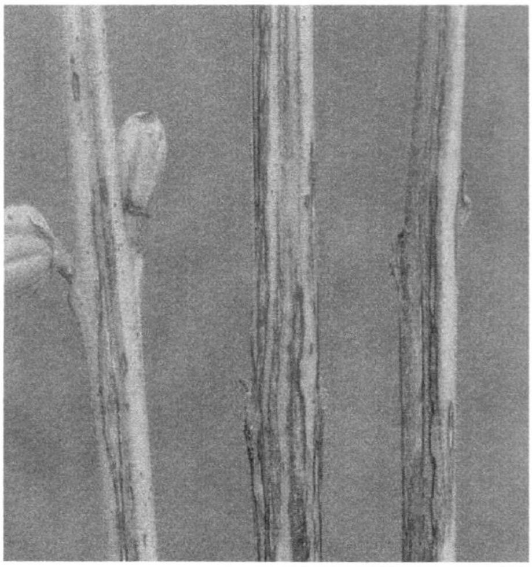

图 6.2　芝麻茎点枯病

在整个生育期内均有可能发生。在发病初期，植株茎部出现暗绿色病斑，以后逐渐加深，成为黑褐色条斑。发病植株叶片从顶部向下急剧青枯萎蔫，老叶挂垂，继而全株死亡。根部和茎部维管束变为褐色，最后蔓延至髓部，造成空洞。病部常流出菌胶，干燥后变成漆黑色晶亮颗粒。叶片发病后，叶脉呈墨绿色条斑，有时纵横交错，结成网状，迎光透视，其中心呈油渍状，叶背面脉纹黄色突起呈波浪形（见图 6.3 及附彩图 6.3）。蒴果受害呈水渍状病斑，并且逐渐变成深褐色粗细不同的条斑，使病蒴瘦缩，蔓延至种子，使种子变成红褐色。受害严重的种子瘦瘪，不能发芽。

2）防治方法

与非茄科、非豆科作物轮作 2～4 年倒茬；增施有机肥，尤以钾肥为佳；及时拔除和烧毁病株，并用石灰水或西力生 1 份、石灰粉 15 份，消毒病穴；在发病初期，每亩用 3%甲酚愈创苯酚 50 ml 加 50%多菌灵丹 100 g，兑水 50 L 喷施，效果极佳。

（4）疫病

1）为害症状

主要为害芝麻的茎、叶和蒴果。叶片初期生有褐色水浸状不规则斑，潮湿时病斑迅速扩大，呈黑色湿腐状，病斑边缘产生白色霜状霉，干燥时病斑呈黄褐色。由于晴雨天气交替，病斑易扩展形成大的轮纹圈，病部干燥后常收缩形成畸形。茎部病斑初呈墨绿色水浸状，以后逐渐变为深褐色病斑，环绕茎部。病部缢缩，无明显边缘，并迅速向上下扩展（见图 6.4 及附彩图 6.4）。茎部发病后常使全株枯死。顶部受害，嫩茎收缩变褐枯死，潮湿时腐烂。蒴果受害后，首先产生水渍状墨绿色病斑，而后变褐凹陷。

2）防治措施

发病初期，雨前适时喷洒 1∶1∶100 的波尔多液加新高脂膜，或 0.1%的硫酸铜溶液 1～2 次。也可在芝麻苗病初见时，每亩用 25%的络氨铜杀菌剂瑞枯霉 25 g，兑水 40 kg 左右，或用硫酸铜 800～1000 倍液，或 80%杜邦新万生 800 倍液喷雾，每 7 d 一次，连喷 2～3 次。

图 6.3 芝麻青枯病

图 6.4 芝麻疫病

6.2.2 虫害

(1)螟蛾

1)为害特点

在初花期至收获前均可发生,但在盛荚期较多且为害重。温度变幅及空气湿度较大时发生较重,严重时有的叶片被吃光,甚至造成毁种成灾(见图 6.5 及附彩图 6.5)。

2)防治措施

可在幼虫盛发期,每亩用 3%凯欧 2～3 包,兑水 50 kg 喷施防治。

图 6.5 芝麻螟蛾

(2)天蛾

1)为害特点

多在花蒴期以后发生为害。幼虫食害叶片,严重时可将叶片吃光,有时也为害嫩茎,对产量影响很大(见图 6.6 和图 6.7 及附彩图 6.6 和附彩图 6.7)。

2)防治措施

可在幼虫盛发期,每亩用 3%凯欧 2～3 包,兑水 50 kg 喷施防治。

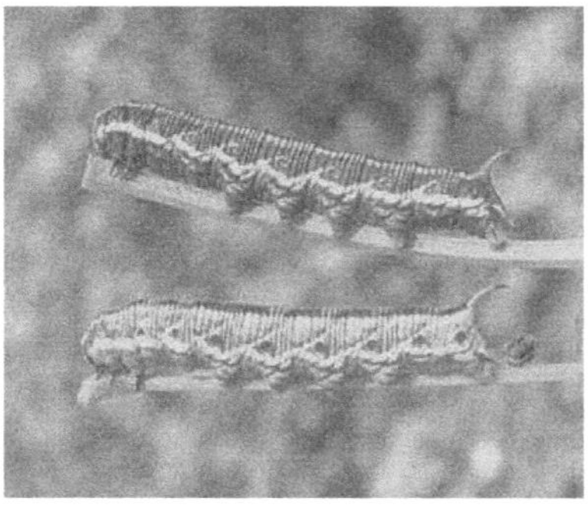

图 6.6　芝麻天蛾幼虫

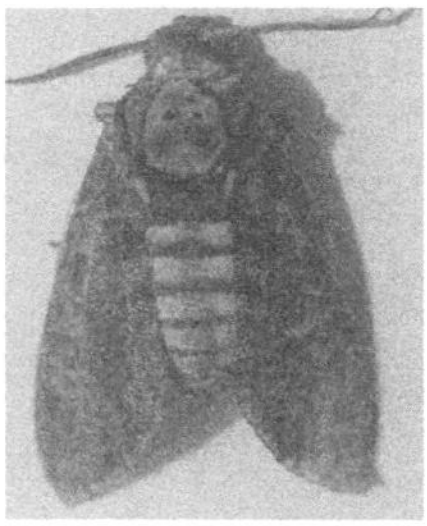

图 6.7　芝麻天蛾成虫

(3)蚜虫

1)为害特点

在芝麻苗期和生长中期为害，天气干旱时发生，在嫩叶或梢端嫩茎上取食汁液，形成卷缩枯萎(见图 6.8 及附彩图 6.8)。

2)防治措施

一遍净 2000 倍液喷雾防治。

(4)小地老虎

1)为害特点

小地老虎(见图 6.9 及附彩图 6.9)在芝麻苗期为害较重，主要咬断近地面根茎，造成缺苗断垄。

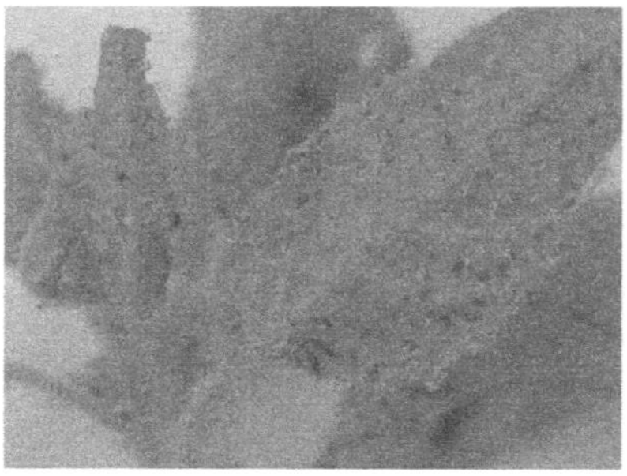

图 6.8　芝麻天蛾幼虫蚜虫

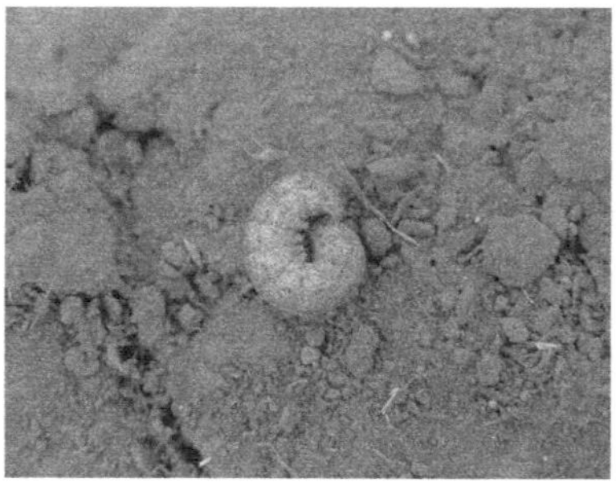

图 6.9　芝麻小地老虎

2)防治措施

播种时药剂拌种。小地老虎 1～3 龄幼虫期抗药性差，且暴露在寄主植物或地面上，是药剂防治的适期。每亩喷洒 40.7％毒死蜱乳油 90～120 g 兑水 50～60 kg，或 2.5％溴氰菊酯或 20％氰戊菊酯 3000 倍液。

参考文献

崔保田，吴涛，牛峰. 2013. 芝麻高产栽培技术[J]. 安徽农学通报(上半月刊)，**19**(5)：60-61.

许昌燊，等. 2004. 农业气象指标大全[M]. 北京：气象出版社.

余小清. 2000. 芝麻病虫害的综合防治[J]. 湖北植保，(4)：14-15.

钟乃. 1991. 芝麻高产栽培[M]. 北京：金盾出版社.

第7章　西　瓜

西瓜原产非洲南部热带沙漠地区，属长日照植物，喜强光，光饱和点为8万lx(勒克斯)。西瓜耐热性强，喜高温干燥气候。在整个生长发育过程中要求较高的温度，不耐低温，更怕霜冻。整个生育期最适温度为25～30 ℃；全年有3个月以上月平均气温大于19 ℃的地区才可露地栽培西瓜。西瓜耐旱力强，要求排水良好、土层深厚的沙质壤土，土壤pH值以5～7为宜。

河南省是我国西瓜的主产区，年种植面积300万亩左右，居全国第一位。而开封西瓜更是久负盛名，年种植面积50万～60万亩，是当地的特色农作物、优势作物。栽培品种以中熟有籽儿黑皮西瓜、无籽儿黑皮西瓜和花皮西瓜为主，以小拱棚双膜覆盖和地膜栽培为主要形式。

西瓜的整个生长发育过程和气象条件有着密不可分的关系，光、温、水等条件直接影响着西瓜的产量和品质。

7.1　西瓜生育期气象条件及田间管理

7.1.1　发芽期

(1)适宜气象条件

1)播种出苗的适宜温度为日平均气温25～30 ℃，最低温度为15 ℃，最高温度为40 ℃。

2)西瓜根系生长的最适温度为28～32 ℃，最低温度为10 ℃。

3)播种时要求土壤相对湿度在80%左右。土壤水分适宜，种子吸水膨胀，顺利发芽，出苗快，出苗齐。

(2)不利气象条件

1)日平均气温高于32 ℃时播种，幼苗细弱，易形成徒长苗；高于35 ℃时，易对种子造成伤害；在15 ℃以下时，发芽迟缓且易烂籽儿；低于25 ℃时出苗率显著下降，出苗时间长。

2)土壤相对湿度小于60%时，芽干，出苗困难；土壤相对湿度大于80%时，容易产生沤籽儿、烂种。

(3)田间管理

1)入冬前结合耕翻施有机肥，开挖深30 cm的种植沟，浇塌墒水，施入底肥，做好瓜畦。翌年春季在惊蛰时节覆盖地膜，防止土壤失墒。

2)随耕翻每亩施入充分腐熟的有机肥5 m^3(鸡粪2 m^3、猪粪3 m^3)，开挖种植沟后施入磷酸二铵10 kg、尿素10 kg、硫酸钾10 kg，与土壤混匀，做好瓜畦。

3)防止沤籽儿、芽干，提高出苗率。

7.1.2　幼苗期

(1)适宜气象条件

1)幼苗期适宜温度为日平均气温 22～25 ℃。

2)西瓜幼苗期适应干旱能力较强，一般土壤相对湿度保持在 65%左右即可，适当干旱可促进根系扩展，增强抗旱能力，减少发病，促进幼苗早发。

(2)不利气象条件

1)苗期温度过低，夜间平均气温在 15 ℃以下，容易发生幼苗黄化、矮化，植株生长缓慢、甚至停止生长等现象。

2)土壤湿度过大或者多雨造成田间积水时，土壤水、气关系失调，有机质不能充分分解，积累大量有机酸、二氧化碳、硫化氢等物质，根系因土壤缺氧而腐烂，严重时使西瓜植株中毒死亡。

(3)田间管理

1)中耕保墒，防止徒长、寒根、沤根。

2)防止渍水烂根死苗，注意开沟排水，雨后及时排涝。

3)如果降水偏少，应及时合理灌溉。一般齐苗后 6～8 d 可浇"暗水"。

7.1.3　伸蔓期

(1)适宜气象条件

1)伸蔓期适宜温度为日平均气温 25～28 ℃。

2)西瓜伸蔓期叶片生长快，植株叶片蒸腾作用强，要求土壤有充足的水分供给。一般要求土壤相对湿度在 80%左右，以促进发棵，保证叶蔓健壮生长，尽快形成一定的叶面积，为花芽分化提供营养物质。

(2)不利气象条件

1)日平均气温在 15 ℃以下，叶蔓生长缓慢；10 ℃以下生长基本停止。

2)当土壤相对湿度下降到 60%时发生干旱；下降到 50%以下时干旱严重，果实不能正常成熟，产量降低，品质下降。

3)西瓜藤蔓长，枝叶茂盛，遇大风时，藤蔓易被吹翻，一方面叶片受机械损伤，另一方面受生理损伤，光合作用停止，同化产物减少，造成减产。

(3)田间管理

1)水肥管理

巧浇伸蔓水，巧施伸蔓肥。一般蔓长 30～50 cm 时浇"盘条水"，并适量施肥；有 70%～80%植株开花时浇"催纽水"；打尖时浇"扪尖水"。灌水宜在傍晚进行，以避免因水温和地温相差大而伤根。

2)整枝压蔓

西瓜伸蔓后应及时进行整枝，压蔓是防御大风的有效措施。根据品种特点选择双蔓整枝或三蔓整枝。随瓜蔓伸长离根 50 cm 处压第 1 道蔓，坐果节位前 20～25 cm 处压第 2 道蔓，坐果节位后 25～30 cm 处压第 3 道蔓。压蔓采取将树枝折成倒 U 形插入土中的方法(压活蔓)。

7.1.4 结果期

(1)适宜气象条件

1)日平均气温为25～32 ℃。

2)土壤相对湿度在80%左右。结果期需水最多,特别是结果前、中期,果实迅速膨大,应提供充足的水分,促进果实迅速增长;果实定个儿后,应及时停水,以利于糖分的积累。

3)较大的昼夜温差有利于西瓜生长,特别是有利于糖分的积累。昼温较高,光合作用强,制造养分多;夜温较低,可降低呼吸作用,减少养分消耗。

(2)不利气象条件

1)夜间温度低于15 ℃时,果实生长缓慢,甚至停止。

2)土壤相对湿度过大,不利于糖分的积累和品质的提高,果实味淡、皮厚、品质差,同时也易感病。

(3)田间管理

1)结果前期要控水,防止疯秧,促进坐果。

2)中期要加强肥水管理,促进果实膨大。

3)后期要防止裂果,及时采收。早熟品种一般在授粉后25～30 d成熟,中熟品种在授粉后30～35 d成熟。西瓜成熟的标志是:果皮花纹清晰,呈现品种固有的颜色,表面有光泽,瓜蒂和瓜脐部位略凹陷。

7.2 西瓜主要农业气象灾害及防御措施

7.2.1 干旱

(1)春旱

3月下旬至4月底,土壤相对湿度低于60%时,影响西瓜播种发芽及幼苗生长。

(2)初夏旱

6月上中旬,土壤相对湿度低于60%时,影响西瓜果实正常成熟,果实含糖量低,品质差。

(3)防御措施

1)采用地膜覆盖保墒,加强中耕保墒。

2)根据各时期水分需求,适时适量浇好齐苗水、盘条水、催组水、扪尖水及膨瓜水。

7.2.2 低温连阴雨

(1)低温连阴雨指标

1)连续≥5 d阴雨。

2)过程雨量≥15 mm。

3)连续3 d日平均气温≤12 ℃。

一般春季4月15日以后,日平均气温已稳定通过12 ℃,是西瓜的播种期,此时段若出现低温连阴雨天气,将会使西瓜烂种或因出苗迟缓而造成弱苗。

(2)防御措施

1)搭小拱棚,增覆二膜。傍晚加厚覆盖,提高夜间温度,白天揭膜,可起到增温效果。

2)搞好排水工程,防止渍水烂根死苗,注意雨后及时排水防涝。

7.2.3 风灾

(1)风灾指标

平均风速≥10.8 m/s(6 级)或瞬时风速≥17.2 m/s(8 级)。

大风容易将西瓜幼苗折断、藤蔓吹翻,造成叶片机械、生理损伤,影响光合作用,造成减产。

(2)防御措施

1)加固西瓜大棚棚架,培土护根。

2)及时压蔓

在瓜苗长至 5～6 片真叶时,挖深 4 cm 左右的小沟,将瓜苗轻压放入沟内,既可以防御大风,又可以促使瓜蔓长出不定根,增强水肥吸收能力。一般在主蔓上压 3 次,结果后压 1～2 次,初压稍轻,以后加重,特别是结瓜后的一次压蔓可适当加深,以提高果实品质。

7.3 西瓜主要病虫害及防治措施

7.3.1 猝倒病

(1)发病症状

幼苗出土前烂芽,或出土后胚轴近地面处出现水渍状病斑,以后变黄缢缩,幼苗倒伏。病情发展很快,可造成大片幼苗死亡,被害幼苗表面及附近土表布满一层白絮状菌丝体。

该病在日平均气温 15 ℃左右、低温高湿、通风透光不良的条件下容易发生。

(2)防治措施

选择没有种过瓜菜的土壤作营养土,施用充分腐熟的有机肥;每立方米营养土用 50%多菌灵 100 g 配匀,2/3 撒于苗床,1/3 用于盖种;搞好苗床温、湿度调控,注意通风透光,避免出现低温高湿的环境条件,发现病株及时拔除,并用药物防治。

7.3.2 疫病

(1)发病症状

发病初期叶片产生水渍状不规则病斑,后扩展并呈软腐状,干燥时病斑变褐,容易破裂;成株茎基部初期呈暗绿色水渍状梭形病斑,后环绕茎基缢缩,最后枯死。

该病发生的适宜日平均气温为 28～30 ℃,高温高湿是发病的主要原因。

(2)防治措施

加强田间管理,大棚内及时通风换气,降低湿度,最好滴灌;此外,要少施速效氮肥。发病初期用井冈霉素调配百菌清或杀毒矾成 50 倍高浓度的药液涂抹病蔓部;也可用 64%杀毒矾 500～600 倍液喷雾,每 7 d 喷一次,连喷 2～3 次。

7.3.3　炭疽病

(1)发病症状

子叶和叶片上初为近圆形的黄褐色水渍状病斑,以后变为边缘紫褐色、中间淡褐色、有紫色同心晕圈的较大病斑,易穿孔;叶柄和茎上病斑呈梭形,果实上斑点呈圆形,褐色,稍凹陷;空气湿度大时,病斑上生出黑色小点和粉红色黏状物(见图 7.1 及附彩图 7.1)。

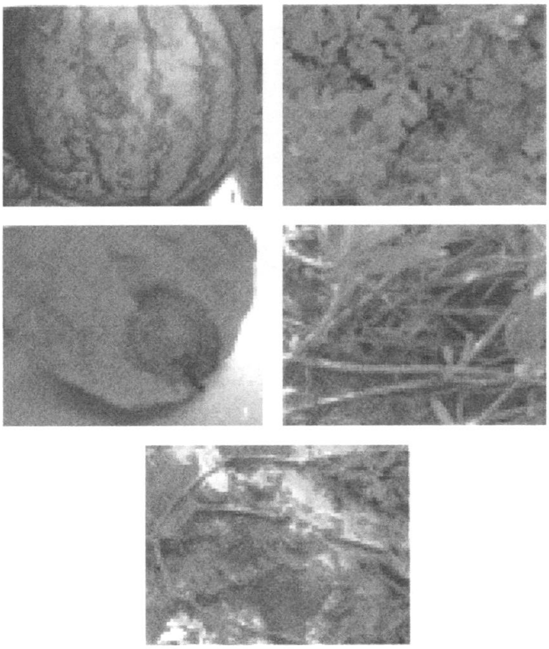

图 7.1　炭疽病

在高温多湿、排水不良、氮肥多、植株长势弱的情况下易发病。

(2)防治措施

发病初期可用 75%百菌清可湿性粉剂 600～800 倍液喷雾。

7.3.4　蔓枯病

(1)发病症状

发病时,茎蔓部出现纵裂,表面产生黄褐色胶状物,病部干燥,呈灰白色,表面散生黑色小点,引起植株枯萎死亡。

病菌发育适宜温度为日平均气温 20～30 ℃,水肥管理不当易徒长发病。

(2)防治措施

发现病株及时用代森锰锌或雷多米尔与 70%甲基托布津可湿性粉剂 800 倍液按 1∶1 比例混合,加水 50 倍,涂抹茎蔓病斑处,也可用 75%代森锰锌可湿性粉剂 600 倍液喷雾。

7.3.5　白粉病

(1)发病症状

发病初期叶面或叶背产生白色近圆形星状小粉点，以叶面居多，当环境条件适宜时，粉斑迅速扩大，连接成片，成为边缘不明显的大片白粉区，上面布满白色粉末状霉，严重时整个叶面布满白粉。

在日平均气温 16～24 ℃、田间湿度大、氮肥过多、通风透光不好的条件下最易发病。

(2)防治措施

合理施肥，及时进行整枝理蔓，通风透光；发病初期可用 10%世高水分散粒剂 1000～1500 倍液喷雾。

7.3.6　白粉虱

(1)发病症状

被害叶片褪绿、变黄、萎蔫，甚至全株枯死。

(2)防治措施

1)化学防治

防治药剂有蓟虱净(600～800 倍)、啶虫脒、苦参碱(0.30%)、噻虫嗪、烯啶虫胺、菊马乳油、氯氰锌乳油、灭扫利、功夫菊酯或天王星等。

2)生物防治

成虫对黄色有较强的趋性，可用黄色板诱捕成虫并涂以黏虫胶杀死成虫，但不能杀卵，易复发。

参考文献

高彦魁，庞占军. 2001. "三膜一苫"大棚西瓜早熟栽培技术[J]. 邯郸农业高等专科学校学报，(4)：31-32.

高振茂，沈希华. 2006. 春大棚西瓜实用快速催芽技术[J]. 农业科技通讯，(4)：51.

葛凤仁，田学军，李延成. 2001. 采用西瓜嫁接技术提高水稻育秧大棚的经济效益[J]. 垦殖与稻作，(4)：33-34.

胡勤俭. 2003. 大棚春西瓜移栽后管理技术[J]. 果农之友，(9)：23.

黄福泉，干雪根. 2000. "特小凤"西瓜大棚高产栽培技术[J]. 上海农业科技，(1)：64.

李艳芳，王基国，李玉娟. 2002. 安阳地区早春茬大棚西瓜生产中存在的问题与对策[J]. 蔬菜，(10)：31-32.

满昌伟，刘运荣. 1999. 大棚春西瓜"四害"的产生及防治技术[J]. 植物医生，(6)：25-26.

王林武，柴树桔. 1998. "新一号"无籽西瓜冬春茬大棚栽培[J]. 蔬菜，(5)：7-8.

王喜庆. 2006. 北方小型西瓜大棚采种技术[J]. 中国瓜菜，(2)：35.

王毓洪，王祥兆，李林章，等. 2006. 不同砧木嫁接"84-24"西瓜大棚栽培试验研究[J]. 上海农业科技，(2)：73-74.

袁留斌，丁潮洪. 2005. 大棚春早熟小西瓜栽培技术[J]. 安徽农学通报，**11**(3)：29.

詹优雄，柯夏生. 2001. 西瓜大棚三膜覆盖栽培技术[J]. 新农村，(2)：9.

第 8 章 牡 丹

牡丹为毛茛科芍药属，多年生落叶小灌木。原产中国，又名木芍药、洛阳花、鹿韭等。花大而多变，色彩艳丽，富丽堂皇，被誉为“花中之王”。

洛阳是我国牡丹的发祥地之一，洛阳牡丹栽培始于晋，兴于隋，盛于唐，极盛于宋。“洛阳地脉花最宜，牡丹尤为天下奇”，洛阳地区的气候四季分明，冬无严寒，夏无湿热，有利于牡丹的冬眠、越夏，适合牡丹生长。立春时节，日平均气温已回升到 0 ℃以上，牡丹幼芽开始膨大，并逐渐绽裂；谷雨时节，日平均气温稳定在 17 ℃左右，进入开花期。

8.1 牡丹物候期气象条件及管理措施

8.1.1 各物候期气象条件

牡丹性喜光照充足、干燥温凉、夏无高温、冬不甚寒之地，要求排水良好、中性至微碱性(pH 值为 7.0～7.5)的深厚壤土或富含腐殖质的黏质壤土。

牡丹从开春萌发至秋末落叶休眠的生长发育周期分为 13 个时期。

(1)萌动期

2 月中、下旬，日平均气温稳定在 3～5 ℃时，越冬鳞芽开始膨大，并逐渐绽裂。

(2)发芽期

3 月上旬，日平均气温达 6～8 ℃，鳞芽尖端胀裂，俗称“蚊子嘴”，露出鳞芽，俗称“马蜂翅”。可看见花蕾尖儿，多呈土红、黄绿、暗紫等色。

(3)新枝伸长期

3 月中旬，日平均气温达 10 ℃左右，花蕾长出鳞片包，茎上叶序基本形成，花蕾直径 1 cm 左右，幼枝长 3 cm 左右。

(4)幼蕾期

3 月下旬，当年新枝长至 10 cm，叶柄紧靠新枝并随茎直立生长，逐渐展开。花蕾直径一般在 1.5～2.0 cm 之间，与小风铃大小相似，俗称小风铃期。在此期间，最怕寒潮和低温侵袭，当气温降到 0 ℃以下时，幼小花蕾极易受冻害而萎缩。

(5)展叶期

4 月上旬，当年新枝长至 15 cm 左右，叶柄离开新枝斜伸，叶片平展，由暗红色转为绿色带紫晕；花蕾(除短颈品种外)高于叶面之上，直径一般为 2～2.5 cm，内部组织器官发育已经完成，此期俗称大风铃期。

(6)透色期

展叶期后5～7 d，花蕾已基本发育成熟，圆满硬实如桃子，萼片下垂，并逐渐完成着色过程，从花蕾顶端可看出花的颜色。这时当年新枝长势极慢，达到20 cm左右后一般不再伸长。此期要求温度逐渐平稳上升，以利于花蕾的迅速增大。若忽冷忽热或遇到10 ℃以下的低温，花蕾便会停止发育(俗称伤风)，以后即使温度升高，也不再继续增大了。

(7)开花期

4月中、下旬，谷雨前后，日平均气温稳定在16～22 ℃时，花蕾泛暄(发软)绽开至花瓣凋谢，称为开花期。在此期间，常会出现一段明显的回暖天气，最高气温可达25 ℃左右，促使牡丹花蕾很快开放。

(8)叶片放大期

5月上旬，花朵凋谢后，叶片迅速放大，俗称叶片放大期。此时叶片增大增厚，颜色加深，呈绿色或深绿色。

(9)鳞芽分化期

随着花朵的凋谢，叶腋间已孕育着新的鳞芽，5月下旬至7月底、8月初，鳞芽开始分化。在此期间，营养生长相对变慢。

(10)种子成熟期

8月初，骨果由绿变黄，呈蟹黄色时说明种子已经成熟，可进行采收；若成熟过度，种子呈褐色或黑色，难以发芽。

(11)花芽分化期

进入8月中旬，花芽分化加快，9月上旬至10月中旬一般品种花芽已基本分化形成，芽外观饱满、光滑、圆润。此时只要采取适当的方法(低温或激素解除休眠)，便可进行催花。

(12)落叶期

10月下旬至11月上旬，叶片逐渐变黄，形成离层而脱落。

(13)相对休眠期

11月中旬，植株基本停止生长，进入相对休眠期；翌年2月中旬，雨水前后，又开始萌动生长，年复一年，周而复始。

8.1.2 管理措施

(1)施肥

每年至少施3次肥，第1次在花前施，以促进开花；第2次在花后半个月施，以补充开花消耗的养分；第3次在越冬前施越冬肥。肥料以腐熟的饼肥为主，肥量以每株每次0.5～1 kg为宜，也可掺拌化学复合肥。

(2)浇水

牡丹较耐旱，但旱季仍需浇水，以保持土壤湿润为宜，雨后要及时排除积水。牡丹自发芽到开花要浇水2～3次，开花期则要停止浇水，开花后再浇2～3次水，7—9月雨季期间不必浇水，秋后看天气情况再浇1～2次水。

(3)合理整形修剪

牡丹的修剪不仅可以纠正偏冠树形，更重要的是可以改善通风条件，节约大量养分。牡丹的春季修剪，包括抹除土芽、疏蕾和剪除残花。早春根颈部萌发大量土芽，除了极个别用作定股整形的萌芽枝外，其余要全部剪除；修剪的另一个重要内容是疏蕾，为保证最佳的观赏效果，一般一枝留一蕾为宜，枝条特别粗壮的可一枝留两个花蕾。疏蕾多在立蕾期进行，此时花蕾的直径在 1 cm 左右，花蕾的优劣很容易鉴别；牡丹开花后，应将残花全部剪去，以免因结实消耗植株大量养分，影响第 2 年牡丹的生长和花芽分化。

8.2 牡丹主要农业气象灾害

8.2.1 干热风或雨水过多

牡丹开花期间，如遇干热风吹袭或雨水过多浸淋，花期缩短并影响开花品质。

8.2.2 寡照

牡丹为喜光稍耐半阴的长日照植物，开花过程中需要的自然日照时数约为 10～12 h。特别是在初期和中期阶段，如果日照时间不足 8 h，花蕾将停止发育而逐渐萎缩，甚至叶片也停止生长。

8.2.3 寒潮、晚霜冻

春季气候多变，牡丹开花前易遭寒流和晚霜冻危害。如有寒潮，要浇水以提高地温；如遇晚霜冻，要点燃湿柴草生烟防霜。对名贵品种可单株或多株罩以塑料薄膜防寒。

8.3 牡丹花期调整的栽培技术

近年来，为了使人们能够在春节、五一、国庆节等节假日观赏到盛开的牡丹花，可以人为创造适宜牡丹生长的条件，调控牡丹花期。

牡丹的生长发育具有明显的阶段性，主要通过改变牡丹生长发育阶段所需的温度、水分、光照、土壤肥料等环境因子来提前或推迟花期，其中起决定作用的是温度。如果要提前开花，要适当加温，最常见的方法是露地搭建塑料大棚。

牡丹只有在有效积温达到一定程度时，才能开花。早花品种由萌动到花开一般所需的有效积温(以 4 ℃为其生物学起点温度)为 420～440 ℃·d，中花品种为 450～470 ℃·d，晚花品种为 480～500 ℃·d。在牡丹不同的生长期，温度的调控也不同。前期从苗移栽到新枝生长期，约 20 d，在这个过程中夜间温度控制在 5～8 ℃，白天温度在 10～14 ℃，有效积温约 100 ℃·d。中期从幼蕾期到展叶期，约 14 d，夜间温度控制在 9～12 ℃，白天温度在 12～18 ℃，有效积温约为 230 ℃·d。后期从透色期到初开期，约 20 d，夜间温度需控制在 14～18 ℃，有效积温约 500 ℃·d。

若使花期后延，则应采取降温措施，一般采用冷藏的办法来降低温度，从而延长开花日期。

另外，在高海拔的山区种植牡丹，也可以推迟花期。河南嵩县白云山高山牡丹园栽植有牡丹 156 个品种、5.6 万株，栽植区海拔 1530 m，是我国海拔最高的牡丹园，气温差异大，栽植的高山牡丹品种，将洛阳牡丹自然花期延长至 7 月，与洛阳市区的牡丹实现了次第开放。

8.4 牡丹主要病虫害及防治措施

在牡丹的整个栽培过程中，往往由于气候、土壤重茬及管理不善等多种因素导致病虫害发生，以致为害牡丹的正常生长发育，使其长势变弱，花色衰退，丹皮产量低，品质差。

8.4.1 病害

病害是牡丹在其生长发育和越冬过程中，受到病原微生物的侵染或不良环境条件的影响，从生理机制到形态结构发生的一系列病变。常见的病害有以下几种：

(1)灰霉病

1)发病规律

低温、潮湿是灰霉病(见图 8.1 及附彩图 8.1)发病的主要条件。春天温度较低，阴雨连绵加重幼苗的发病。氮肥施用偏多、栽植过密、光照不足，均易受病菌感染。

2)防治方法

①减少侵染源。秋季清除病株的枯枝落叶，春季发病时摘除病芽、病叶，对病残体进行深埋处理。

②化学防治。生长季节一旦发病可采用下列药剂进行喷雾防治：1%石灰等量式波尔多液，或 70%甲基托布津 1000 倍液，每 10～15 d 喷一次，连续喷 2～3 次。

(2)褐斑病

1)发病规律

温暖多雨发病重，病原体多、偏施氮肥、栽植密度大、通风透光不良更易引起病害的发生。高温雨季为发病盛期。见图 8.2 及附彩图 8.2。

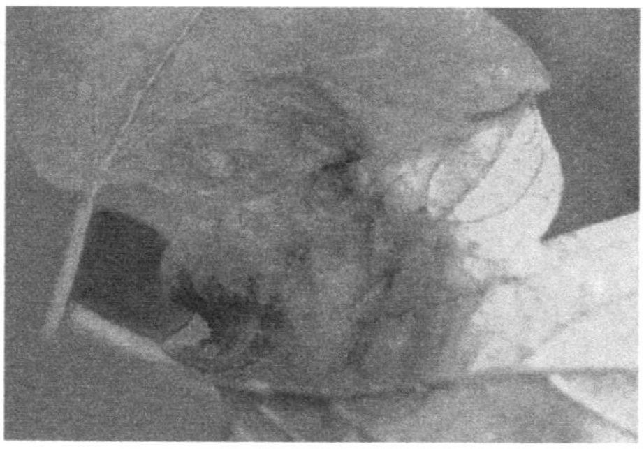

图 8.1 牡丹灰霉病病叶

图 8.2 牡丹褐斑病

2)防治方法

①减少侵染源。秋季彻底清除地上的病残体。

②化学防治。早春植株萌动前喷施 50%多菌灵 600 倍液或 3 波美度的石硫合剂，杀灭植株上的病菌；发病后喷施 50%多菌灵 1000 倍液，每 7～10 d 喷一次，连续喷 3～4 次。

(3)紫纹羽病

1)发病规律

牡丹紫纹羽病(见图 8.3 及附彩图 8.3)多在 6—8 月高温多雨季节发生,9 月以后,随气温的降低和雨水的减少,病斑停止蔓延。

2)防治方法

①雨季及时中耕,降低土壤湿度。

②分栽时,用 500 倍五氯硝基苯药液涂于患处再栽植。

③受害病株周围用石灰或硫黄消毒。

(4)炭疽病

1)发病规律

牡丹炭疽病(见图 8.4 及附彩图 8.4)一般 4 月下旬发病,8—9 月份为发病盛期。高温、多雨、多露、株丛郁闭等有利于病害发生。

图 8.3 牡丹紫纹羽病

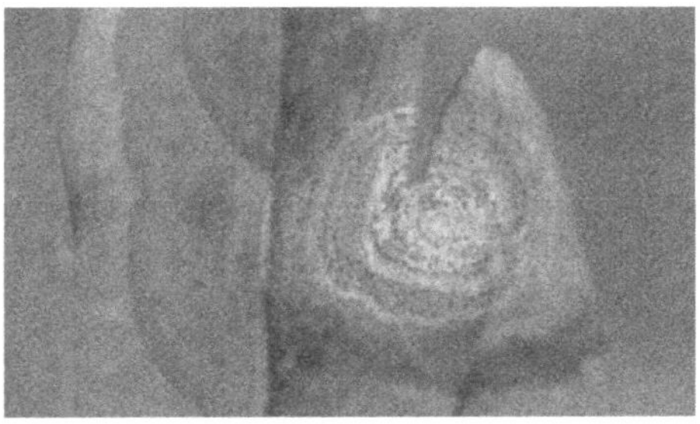

图 8.4 牡丹炭疽病

2)防治方法

①剪掉被害部分并烧掉。

②发病初期(5—6 月)喷 70%炭疽福美 500 倍液,或 1%石灰等量式波尔多液,或 65%代森锌 500 倍液,每 10～15 d 喷一次,共喷 2～3 次。

8.4.2 虫害

老产区由于受其环境条件的影响,加之牡丹根肥味甜,容易遭受地下和地上害虫的为害。

(1)地下害虫

1)发病特点

为害牡丹的地下害虫主要有蝼蛄、地老虎和蛴螬。蝼蛄主要啃食根皮和咬食嫩芽、幼苗;地老虎以从根颈处为害嫩芽为主;蛴螬咬食根部,7 月上旬至 9 月上旬最重,常把根咬伤、咬断数处,食量大。

2)防治方法

蝼蛄可用豆饼或麦麸配成毒饵,于傍晚撒在田里诱杀;也可在夜间用灯光诱捕。防治地老虎、蛴螬,要施发酵腐熟的肥料,并配施化学药剂,翻入土中 20 cm 深,麦麸的效果良好。

(2)地上害虫

主要有介壳虫和天牛。

1)介壳虫

全身橙红或橘红色，每年发生 2 代，雌虫常群集于叶柄或茎枝上吸取汁液，使叶色发黄、枝梢枯萎，引起植株生长势减弱。

防治方法　发现虫害时可剪除受害的枝叶烧毁；幼虫孵化期可用氟乙酰胺喷施，效果最好；休眠期或早春发芽前用波美 3°石硫合剂喷洒枝干，有较好的防治作用。

2）天牛

为害牡丹的天牛为“中华锯花天牛”，俗称“啄木虫”。成虫为圆筒状，幼虫乳白色，头小体肥，3 年 1 代。5—6 月孵化成幼虫进入根茎髓部，为害植株。不易被发现，常造成植株衰弱或死亡。

防治方法　经过多年试验，在根际打 3～4 个孔，深 20 cm 左右，每孔投放磷化铝 1 片，或将带有虫害的苗木放在密闭的室内用磷化铝熏杀，杀灭成功率高达 100％。

参考文献

王莲英. 1997. 中国牡丹品种图志[M]. 北京：中国林业出版社.

温新月，李保光. 1996. 国花大典[M]. 济南：齐鲁书社.

徐明慧. 2006. 花卉病虫害防治[M]. 北京：金盾出版社.

赵兰勇. 2004. 中国牡丹栽培与鉴赏[M]. 北京：金盾出版社.

第9章　烟　叶

烟叶生产受气候、土壤、地形、人为和社会经济条件等多种因素影响，特别是与气候条件密切相关。烟叶生产适宜区的基本条件是：无霜期不少于120 d，10 ℃以上的活动积温不低于1600 ℃·d，日平均气温高于20 ℃的持续天数要在70 d以上。一般要求土壤相对湿度为60%～80%；要求结构良好的红土、红黄土、土黄土，pH值在5.5～7.0之间的弱酸性和中性土壤，肥力中等或偏上为好。河南各地气候条件均可满足烟叶生长需求。烟叶生产大部分以烤烟为主，兼有少量晾晒烟。

9.1　烟叶生育期气象条件及管理措施

9.1.1　苗期（播种—七真叶）

河南淮河以北烟区春烟播种时间一般为2月下旬到3月初，夏烟播种时间一般为4月中旬。

（1）适宜气象条件

种子发芽的适宜温度为24～29 ℃，最高温度为35 ℃，最低温度为8～10 ℃。8 ℃以上种子可以萌发，但是低于10 ℃幼苗生长缓慢。苗期每天光照时间以8 h左右为宜。

播种至两片真叶期，土壤相对湿度以70%左右为宜。在大十字期，适当控水利于根系发育，竖叶期至成苗期耗水量较大，需保持土壤湿润。移栽前10～15 d停止供水，进行炼苗。

（2）不利气象条件

苗期气温高于35 ℃或低于8 ℃，土壤相对湿度大于80%，均对烟叶的生长不利。烟叶苗期棚内温度高于35 ℃时，若揭膜不及时易造成热害，烟苗叶片变褐，严重时可致死亡。温度持续过低或遇寒潮天气棚温夜间陡降，会造成幼苗冷害。苗期处于0 ℃左右的低温环境时，易造成幼苗心叶“黄瓣”。若较长时间处于−3～−2 ℃的低温环境中，则可能造成植株死亡。苗期棚内土壤湿度较大，持续3 d土壤相对湿度在80%以上时，易诱发烟叶黑胫病、炭疽病、根黑腐病及野蛞蝓等病虫害。

（3）田间管理

1）水、肥

育苗早期阶段，可保持5～10 cm水层，后期阶段应保持10～15 cm水层。播种出苗后应注意观察烟苗苗色，若苗色偏黄即表明脱肥，此时应根据苗的长势和缺肥程度酌情补充肥料。

2）温、湿度

在防止高温烧苗和保持棚内温度适当的前提下，尽量提高棚温。早晚温度较低时，应压实拱棚两侧薄膜以保温;中午棚内温度超过 30 ℃时,应卷起拱棚两侧薄膜通风降温。棚内湿度较大时,应揭膜排湿,加强通风透光,防止炭疽病发生。

3)间、定苗

烟苗长至小十字期开始间苗,拔去苗穴中多余的烟苗,同时在空穴上补栽烟苗,保证每穴一苗,均匀一致。

4)炼苗

移栽前两周开始逐渐揭膜炼苗,移栽前 10 d 开始断水、断肥炼苗,以增强烟苗的抗逆性,提高烟苗的成活率。

5)病虫害防治

及时防治地老虎、蛴螬、炭疽病等主要病虫害。

9.1.2 还苗期(移栽—成活)

(1)适宜气象条件

移栽期适宜气温≥18 ℃,最高气温为 35 ℃,最低气温为 12～13 ℃。还苗期间土壤相对湿度在 60%左右为宜。

(2)不利气象条件

还苗期气温≥35 ℃,将对幼苗造成伤害,降低移栽幼苗的成活率。土壤相对湿度低于 40%,烟苗生长受阻,严重时造成幼苗旱死;高于 80%,影响根系生长,对后期生育不利,且易引发烟叶根黑腐病。

(3)田间管理

1)炼苗

移栽后 10～15 d,在每株烟苗顶部的拱膜上破开 5 cm 左右的孔洞,并将拱棚两端揭开使小棚内通风透气,5～7 d 后除掉小拱棚,将拱膜降为地膜,每亩用烟叶专用复合肥 10 kg、硝酸钾 10 kg 兑成 1%的肥水浇施,薄膜口用土压实。

2)揭膜培土

移栽后 30～35 d 进行揭膜培土,同时每亩用烟叶专用复合肥 25 kg、硝酸钾 15 kg 环状深施,并浸水一次,以浸至垄高的 1/2 处为宜,防止肥料流失。

3)水、肥管理

移栽后至团棵初期忌大水漫灌,以防影响根系发育。若遇干旱,幼苗生长受阻,可打孔注灌补水。揭膜培土后 5～7 d,每亩用烟叶专用复合肥 5 kg、硝酸钾 5 kg 兑成 2%的肥水,对长势较差的烟株进行补肥提苗。

4)查苗补栽

栽后及时查苗补苗,保证苗全、苗匀。对补栽的小苗,施"偏心肥",用 0.3%的硝酸钾水浇施,平均每株 0.5～1 kg,促其快速生长。

5)中耕除草

栽后要及时进行浅中耕,以破除土壤板结,松土保墒,清除杂草,切忌伤根或触动烟苗。

6)病虫害防治

移栽后在烟田撒施毒饵或用药剂灌根,防治金针虫、伪金针虫等地下害虫,同时注意防治蚜虫。

9.1.3　伸根期(还苗—团棵)

(1)适宜气象条件

适宜气温为23～25 ℃,土壤相对湿度以60%～70%为宜。

(2)不利气象条件

气温低于13 ℃对烟叶的生长发育不利,若气温持续7 d以上低于13 ℃,将导致早花现象。田间土壤相对湿度高于80%或低于40%,影响根系正常生长。

(3)田间管理

1)烟田追肥

追肥以钾肥为主,离烟株根部15～25 cm穴施或打孔浇。

2)中耕培土

中耕以松土、保墒、促根、除草为目的,以烟株为中心,近浅远深。烟田培土应在晴天进行,培土后垄体高度达到25～35 cm为宜,垄面要宽实饱满,呈瓦背形并与烟茎部紧密接触。

3)病虫害防治

团棵期可用杀菌剂熏蒸土壤,防治根黑腐病和黑胫病。用杀虫剂防治蚜虫、烟青虫、斑须蝽等害虫。

9.1.4　旺长期(团棵—现蕾)

(1)适宜气象条件

适宜气温为25～28 ℃,土壤相对湿度以80%左右为宜。旺长期对光照的要求较高,每天光照时间不小于10 h为宜。

(2)不利气象条件

气温低于16 ℃、田间土壤相对湿度低于40%时,烟叶生长受阻;温度适宜但田间土壤相对湿度高于80%时,易诱发病虫害;高温多雨易引发青枯病、病毒病。

旺长期植株较高,易受大风和冰雹危害。肥水等条件不适时,烟株不能旺长,将错过旺长的最佳时期。此期也是烟叶的水分临界期,干旱对烟株品质形成极为不利,烟农称为“握脖旱”;若降水过多,引起烟株徒长并早衰,影响烟叶质量。

(3)田间管理

1)摘除病叶及土脚叶,并及时清理出烟田。改善通风透光条件,减少病虫害的发生。

2)烟田缺水时,应及时补水,进行喷灌或隔垄灌溉(水层以达到垄高的2/3为宜),促进烟株早发快长。灌水后,及时进行中耕,破除板结。如降大雨应及时排水,保证烟田不积水,减少病虫害的发生。

3)病虫害防治方法同伸根期。

9.1.5　成熟期(现蕾—采收结束)

(1)适宜气象条件

适宜气温为20～25 ℃,持续30 d以上,土壤相对湿度以60%为宜,此期水分稍少可提高烟叶品质。

(2)不利气象条件

若雨量大、雨日多,常导致烟叶赤星病流行。若昼夜温差大、土壤潮湿、夜间结露时间长,易导致赤星病病菌的侵染和发病。土壤水分过多易造成延迟成熟和烟叶品质下降。

(3)田间管理

管理的中心任务是:增叶重、防早衰、防贪青晚熟。做好打顶、抹杈,适当控制水分,及时收烤。同时要抓好防治病虫害工作。

1)打顶留叶

单株留叶数 18~24 片。顶叶长 50~55 cm,宽 20~25 cm。根据地力和天气条件,分两次打顶,协调顶叶发育,既防顶叶发育过剩,也防顶叶生长不良。在 50%烟株第 1 朵中心花开放期间打顶,视烟株高度适当多留 2~3 片叶,一周内两次打顶,调整开叶叶片整齐度;控制株高,打顶后相同品种的群体烟株株高应一致;打除的烟花、烟杈等应清理出田外,集中处理。

2)化学抑芽

抑芽剂如“灭芽灵”、“抑芽敏”、“除芽通”等制剂都有很好的抑芽效果。用喷淋或涂抹抑芽剂的方法,进行化学抑芽。

3)清除底脚叶

清除烟质偏差、病叶、烂叶等失去采烤价值的近地叶片,改善田间通风透光条件,以利于烟叶干物质的积累和适时落黄成熟。

9.2 烟叶主要农业气象灾害及防御措施

9.2.1 冷害

早春育苗期间,由于气温不稳定,有时会出现持续寒流,棚温夜间骤降,造成幼苗冷害。当气温低于 10 ℃时,烟叶生长受阻。烟叶在苗期能忍受短时 0 ℃左右的低温,但易造成冷害,致使幼苗心叶呈现“黄瓣”。如长时间处于−2~3 ℃的低温条件下,则植株死亡。一般轻度冷害所造成的幼苗“黄瓣”,经过追肥和管理,仍能恢复正常生长。在苗期或移栽后,若烟苗长期生长在低温条件下,易导致早花减产。冷害发生后,烟株叶片发厚,边缘内卷或呈舌状伸展,舌状叶和心叶片上有白色或浅黄色斑块,严重时会出现烟苗畸形,生长点死亡。一般情况下,经过 4~5 d 回暖,烟苗可自行恢复正常生长。

防御措施 大棚农膜最好选用无滴膜,搭建在阳光充足的地方。大棚顶膜必须选用新膜,不能用旧膜。大棚面积越大,温度降低越慢,保温效果越好。

9.2.2 热害

晴天中午,气温过高,若揭膜不及时,棚内温度持续高于 35 ℃,则出现热害,烟苗叶片变褐,甚至导致死亡。小棚烟苗 4 片叶后,若沿苗床周边苗大,中部大面积苗小或缺苗较多,这种现象即是高温热害。

防御措施 随时注意棚内温度变化,及时揭膜。

9.2.3 风害

烟叶在大田生长后期株高叶茂,容易遭受风害。叶片成熟期,10 m/s 的风速就能造成危害，轻则擦破叶片，降低品质，重则烟株倒伏或叶片折断。

防御措施 倒伏的烟株应及时扶正，并进行浅培土，以促进根系下扎，增强抗倒伏能力。此外，对易倒伏品种或有倒伏倾向的地块，应适时喷施抗倒伏剂进行预防。

9.3 烟叶主要病虫害及防治措施

9.3.1 黑胫病

(1)为害

烟草黑胫病在苗床及大田均可发生，主要为害大田烟草，特别是团棵旺长前后发病普遍。幼苗染病，茎基部出现污黑色病斑，或从底叶发病沿叶柄蔓延至幼茎，引致幼苗猝倒。湿度大时病部长满白色菌丝，幼苗成片死亡。茎秆染病，茎基部初呈水渍状黑斑，后向上下及髓部扩展，绕茎一周时，植株萎蔫死亡。

(2)防治措施

1)选用抗病品种。

2)加强栽培管理，实行轮作，注意烟田排水。

3)药剂防治

25%甲霜灵 1 g/m^2，拌适量细干土于播种时撒施于苗床；移栽前兑水喷施，做到带药移栽；移栽时，每亩用药 50 g 与干细土拌匀穴施或兑水浇灌，也可用敌克松在移栽时穴施。敌克松见光易失效，施药后应立即覆土。烟株培土后，发病前或发病初期于茎基部喷淋或浇灌药剂防治，常用药剂为毒矾等。

9.3.2 赤星病

(1)为害

赤星病是易发生于烟叶成熟期的病害，烟株打顶后开始发病。主要为害叶片，也可侵染茎、叶柄、花梗和蒴果。

(2)防治措施

1)选种抗病品种。

2)加强栽培管理，适时适量施肥，植株不要过密。

3)药剂防治

发病初期田间出现零星病斑时开始用药，先摘除底脚老叶，然后施药。可选用菌核净、多抗霉素等药剂喷雾防治。

9.3.3 根结线虫病

(1)为害

烟株染病后，矮化、变黄，在田间点片发生，病株根系上产生许多根瘤，根瘤大小不一，有的似大头针头，最大的似花生仁。最初根结为灰白色，逐渐长大，呈锥形，严重时根系肿胀呈鸡爪状，坏死腐烂。

(2)防治措施

实行合理轮作。采用环氧氯丙烷混剂 20～30 kg/亩，于移栽前 10 d 左右在烟垄上开沟施入，沟深以 16～20 cm 为宜。

9.3.4 角斑病

(1)为害

病叶上出现直径约为 6～13 mm 的深褐色或黑色斑块。病斑的发生受叶脉限制呈角状，边缘明显，病斑内有明显的黄色晕环。发病后期，病斑扩大，中心枯焦破碎脱落。叶片外表不规则，病斑多时，叶片变黄，以下部叶片发病重。

(2)防治措施

合理施用氮、钾肥料。烟田早期点片发生时，喷洒 200 单位浓度的农用链霉素，可控制病情的蔓延。

9.3.5 野火病

(1)为害

烟叶感病后，起初叶片上出现水浸状的褐色小点，之后病斑逐渐扩大，中心变为褐色，周围有黄色晕环，上面有轮纹，后期多个病斑合并为不规则的大斑块，常常枯焦破碎脱落。

(2)防治措施

实行合理轮作。早期点片发生时，喷洒 200 单位浓度的农用链霉素，可抑制病情的发生。

9.3.6 蛙眼病

(1)为害

此病主要发生于成株叶片上，多见于下部叶片。病斑呈圆形，比赤星病斑稍小。病斑为褐色或灰白色，中央为白色，有狭窄而带深褐色的边缘，形如青蛙的眼球状，故名“蛙眼病”。临近采收期，上部叶片出现大块坏死病斑。

(2)防治措施

实行轮作，适时采收。发病后可用 1∶1∶200 的波尔多液每隔 5 d 喷雾一次。

9.3.7 烟蚜

(1)为害

烟蚜的成蚜、幼蚜均喜聚集在烟株嫩叶、嫩茎、嫩蕾、花、嫩果上，以其口针刺吸取食烟株汁液。除直接为害造成烟株生长缓慢、植株矮小、叶片皱缩外，烟蚜分泌的蜜露可诱发煤污病，烟蚜针刺还传播多种烟叶病毒，所造成的损失往往大于其直接为害。

(2)防治措施

1)地膜覆盖

用银灰色和白色地膜在烟田实施覆盖栽培。

2)药剂防治

移栽时，每亩用 15%铁灭克 100～150 g，穴施在烟苗根际周围。

3)打顶抹杈

及时打顶抹杈，恶化烟蚜的食物条件，促使无翅蚜转变为有翅蚜迁出烟田，可防治大田期的烟蚜为害。

9.3.8 烟青虫

(1)为害

烟青虫幼虫主要取食烟株顶部幼嫩叶片，造成穿孔，严重时仅留下叶脉，后期可钻入茎、蕾、花和蒴果造成留种困难。

(2)防治措施

1)冬耕灭蛹

烟青虫以蛹在土中越冬，通过冬耕可以起到机械杀伤、暴露失水、增加天敌的捕食机会等作用，达到灭蛹的目的。

2)人工捕捉

在幼虫为害期，经常到烟田检查新叶、嫩叶，如发现有新鲜虫孔或虫粪时，立即捕捉幼虫杀死。

3)诱捕成虫

利用杨树枝或性诱剂诱杀成虫。

4)生物防治

注意保护天敌，充分发挥天敌的自然控制作用；利用生物制剂进行防治，如 B. t. 可湿性粉剂*(每克含 1 亿活孢子)1000 倍液喷雾。

参考文献

阿克赫斯特·布·卡[坦]. 1990. 烟草栽培加工与化学[M]. 上海：上海交通大学出版社.

董金皋. 2007. 农业植物病理学[M]. 北京：中国农业出版社.

李云瑞. 2006. 农业昆虫学[M]. 北京：高等教育出版社.

刘国顺. 2003. 烟草栽培学[M]. 北京：中国农业出版社.

张保振，黄元炯. 1996. 烟叶生产流通质量管理[M]. 北京：中国农业科技出版社.

赵百东，刘好宝. 2001. 烟草良种利用图册[M]. 北京：台海出版社.

* B. t. 是苏芸金杆菌(*Bacillus thuringiensis*)的缩写，是一种细菌杀虫剂；可湿性粉剂是用农药原药、惰性填料和一定量的助剂，按比例经充分混合粉碎后，达到一定粉粒细度的剂型，加水后形成悬浮液，可喷洒施用。

第10章 怀山药

怀山药在我国的河南、河北、陕西的秦巴山区等均有种植。常和东北产的人参并称，国际上把怀山药和怀地黄列为“怀参”，其特点是个大、色白、粉足、质坚、味正、药效高。焦作市是河南省怀山药的主要产地，优越的地理位置加上适宜的水、气和土壤条件，造就了怀山药的独特药效和使用价值。《中药大辞典》、《中国药典》、《全国中草药汇编》和《中药材手册》等书籍，一致认定焦作市所产的怀山药是质量最好、药效最高的地道药材，被医药学家列为四大怀药之首。

怀山药是喜温、喜光的短日照作物，既需水又最怕水，最忌田间积水，喜欢较为干燥的环境，要求灌排水方便。

10.1 怀山药生育期气象条件及管理措施

怀山药适宜的生长温度是日平均气温20～30 ℃，但不同生育期对温度的要求也不相同，地上部分和地下部分对温度的要求也有差异。河南省一般4月初播种，10月中旬可收获，历时约180～200 d。全生育期内≥10 ℃活动积温4400～4650 ℃·d，降水量500～600 mm，日照时数1300～1550 h。主要发育期有栽种期、出苗期、蔓伸长期、根茎形成期和可收期5个发育期。

10.1.1 栽种—出苗期

温度是影响怀山药出苗和幼苗生长的主要因子，春季升温的早晚和快慢直接制约着种子的发芽出苗质量。

(1)适宜气象条件

1)怀山药发芽的下限温度是10 ℃，适宜的日平均气温为12～15 ℃。5 cm地温稳定在10 ℃时即可栽种。日平均气温为20 ℃时发芽最快。

2)怀山药出苗的下限温度是12 ℃，适宜的日平均气温为15～20 ℃，播种到出苗需要≥0 ℃积温580 ℃·d左右。日平均气温≥20 ℃时出苗(分枝)最快。

3)怀山药从栽种到出苗的土壤相对湿度一般应保持在55%～70%。

(2)不利气象条件

1)怀山药在日平均气温为8～10 ℃时，芽眼虽然开始萌动，但萌芽速度极为缓慢。

2)土壤相对湿度超过90%时易引起根系染病腐烂，而土壤含水量过低则影响出苗和正常生长。

(3)田间管理

1)选种

秋末冬初收获时,选茎短、芽头饱满、粗壮、无病虫害的山药,将上部芦头取 13～20 cm 长折下,在日光下略晒,或放室内通风处约一周,使断面稍平,伤口愈合,然后于贮藏室内贮藏越冬。翌年 4 月份进行催芽种植。

2)整地

山药耐肥怕渍,且根系入土较深,故需选择地势高、土层厚、肥沃疏松的沙壤土种植。深翻土地 70～80 cm,使土壤经冬风化。翌年春季解冻后,每亩地面匀撒优质农家肥 5～6 m^3,尿素 75 kg,硫酸钾 40 kg(或草木灰 150 kg),过磷酸钙 100 kg,再细翻耕作,按畦宽 2 m 打畦。

3)浇水

栽种前需浇底墒水,栽种后若墒情不足可补浇一次小水,保证山药正常出苗,有条件的以喷灌最好。

10.1.2　出苗—蔓伸长期(盘棵期)

怀山药从展叶到现蕾为甩条盘棵期,以地上部分茎叶生长为主,地下部分生长很缓慢。

(1)适宜气象条件

1)幼苗期具有较强的耐寒能力,能抵抗 5 ℃以下的低温。幼苗期适宜日平均气温为 15～20 ℃。

2)生长盛期适宜日平均气温为 25～28 ℃,日平均气温降到 10 ℃以下便会停止生长。

3)花蕾期适宜日平均气温为 25～28 ℃,每天日照时数 8～10 h。

4)土壤相对湿度为 60%～75%。

(2)不利气象条件

当最高气温超过 35 ℃时生长缓慢,超过 40 ℃停止生长,叶片出现烧灼现象。

(3)田间管理

这个阶段的管理目标是促使山药整齐出苗,苗壮生长,为优质高产打下良好的基础。

1)拔除多茎

一般情况,1 个芦头或 1 节山药段只生 1 个茎苗。如果有个别生出 2 个以上的茎苗,要尽早将多余的拔除,只留 1 个健壮的茎苗。

2)病虫害防治

为了防治褐腐病、根腐病、斑枯病、枯萎病、炭疽病等病害,在幼苗主茎伸长到 50 cm 左右时,可在主茎的基部扒 1 个直径约 5 cm、深 3 cm 左右的小坑,用 1.5%菌立灭 1000 倍液和 50%消菌灵 1000 倍液混合后灌根,待药液下渗后重新填盖好。也可将喷雾器的喷头拧掉后顺茎喷药,使药液下渗到 5～6 cm 深。幼苗期的山药虫害,主要有地老虎、蛴螬、蝼蛄等。对地老虎和蛴螬,可用炒熟的豆饼、麦麸拌毒饵诱杀,也可按其活动习性及时捕杀。

3)搭架整枝

搭架和整枝是山药增产的一项重要技术措施。山药搭架有利于通风透光、提高产量,减少病虫为害。一般出苗后即可扎杆搭架,杆高 1.5 m 左右,每株一根,在距地面 1～1.2 m 处交叉捆牢。山药支架搭设好后,要随着茎蔓的生长适当整枝。

4)适时灌溉

出苗后若土壤墒情不足,应浇水一次。初花期结合施肥及时浇水。在山药生长盛期地下根茎分生组织形成以后，要保证适宜的墒情，宜小水浅浇。

5)中耕除草

出苗后应及时中耕除草，避免杂草与山药争水争肥。消灭田间杂草的方法主要是采用人工拔除，忌用化学防控，以免影响产品质量。

10.1.3　根茎形成—可收期

根茎形成期生长旺盛，需要一定的温度和较多的水分。

(1)有利气象条件

1)根茎形成期适宜日平均气温为 20～24 ℃。

2)适宜土壤相对湿度 70%～80%，最高不能超过 85%。

(2)不利气象条件

1)日平均气温降到 20 ℃以下时，膨大速度减缓；日平均气温超过 24 ℃时，随着温度的升高，怀山药呼吸作用加快，养分消耗过多，影响根茎的膨大。

2)地温降到 3 ℃以下时，根茎停止膨大。

(3)田间管理

本期田间管理的主攻目标是促使根茎增粗。

1)在地下根茎膨大期，可浇一次足墒水。7 月中旬至 8 月中旬，正值生殖生长旺盛期，必须保持土壤水分充足，防止干旱。

2)8 月上旬根据苗情施一次速效氮肥，结合叶面喷施 0.3%磷酸二氢钾 2～3 次，促使地下根茎迅速膨大。

3)8 月份以后如果枝叶生长过快，可以剪除若干侧枝，或者摘去顶部生长点，还可喷施调节剂，促使养分向地下根茎输送。

10.2　怀山药主要农业气象灾害及防御措施

10.2.1　干旱

怀山药生长发育的各个时期都有可能发生干旱。

(1)春旱

4—5 月份是怀山药的栽种、出苗、幼苗期。若土壤相对湿度低于 55%，影响山药的生根、发芽、出苗和正常生长。

(2)初夏旱

5 月上中旬到 6 月中下旬，怀山药处于展叶到现蕾期，以生长地上茎蔓和叶片为主。若土壤相对湿度低于 55%，造成土壤过硬，山药生长受阻，易出现扁、弯等畸形，因此有“干生扁，湿长圆”之说。

10.2.2　晚霜冻与低温

(1)发生条件与危害

在春季天气回暖后，当空气温度突然下降，地表温度骤降到 0 ℃以下或者气温低于怀山药正常生长的适宜温度下限时，怀山药受到损害，甚至死亡。

(2)防御措施

可以通过调整播期，避开霜冻和低温的危害。对受害植株可以通过有效技术措施，如使用物理和化学方法，促进幼苗恢复生长，使灾害损失减少到最低程度。

10.2.3　雨涝与湿害

(1)发生条件与危害

若雨水过多，土壤含水量过高，土壤含水率超过 85%时，山药根系因受水渍而染病腐烂，导致植株死亡。如果气温过高，空气湿度过大，就可能使山药感染各种病害，茎叶也会未老先衰，提早枯死，影响山药的产量和品质。

(2)防御措施

提前做好排水准备，防止地面积水；及时搭架整枝，改善通风透光条件。

10.2.4　雹灾

(1)发生条件与危害

冰雹灾害出现的范围虽然较小，时间也比较短促，但来势猛、强度大，并常常伴随着狂风、强降水、急剧降温等阵发性灾害性天气过程，其危害性、破坏力极大，轻则砸毁叶片，重则可造成绝收。

(2)防御措施

适时进行人工消雹作业，化雹为雨。

10.3　怀山药主要病虫害及防治措施

10.3.1　病害

怀山药一生中病害种类多、为害重，直接影响产量和品质。

(1)炭疽病

1)发病症状

炭疽病是山药生产中常见的病害，主要为害山药的叶片和茎。病斑呈圆形、椭圆形至不规则形的下陷病斑，直径 2～8 mm(见图 10.1 及附彩图 10.1)。

2)发生条件

炭疽病从山药出苗到完全枯死，都有可能发生。其发生、蔓延、暴发与田间温度和湿度直接相关，病菌为害的适宜日平均气温为 25～30 ℃，而湿度是炭疽病暴发和流行的决定因素，当空气相对湿度在 80%以上时发病严重。天气温暖，或大雾、露水重时有利于发病，所以炭疽病的暴发常发生在夏季多雨季节，往往是苗期感病后到高温多雨时枯死。若雨季早到来，就会早发病；相反，若天气干旱，炭疽病就轻。施用氮肥过多，田间过于郁闭，通风透光不良，有利于发病。若早期防治不好，造成大流行时再防治效果较差。防治不好的田间发病率一般可达 50%左右，严重时可达 100%，减产幅度一般为 25%左右，对山药生产造成严重的威胁。

3)防治方法

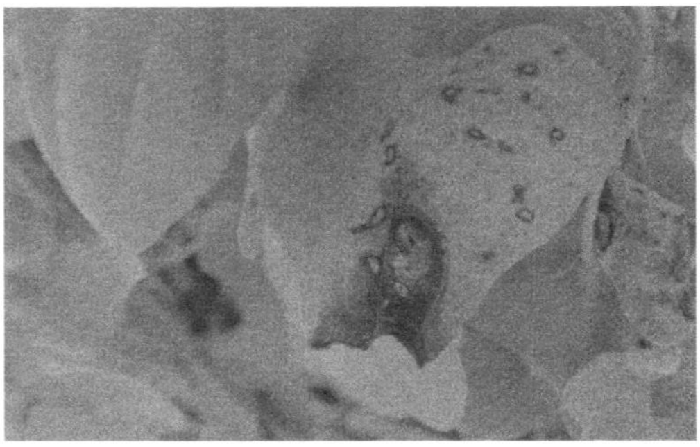

图 10.1　怀山药炭疽病

①农业技术防治。选用抗病品种;搞好轮作倒茬,避免重病地块的连作;加强肥水管理。

②药剂防治。发病初期及时喷洒 30%氧氯化铜悬浮剂 600 倍液,加 70%甲基硫菌灵可湿性粉剂 800 倍液;或 70%甲基硫菌灵可湿性粉剂 1000 倍液,加 75%百菌清可湿性粉剂 1500 倍液,每 10～15 d 喷一次,连续喷 2～3 次。

(2)斑纹病

1)发病症状

山药斑纹病又叫山药白涩病,主要为害山药的叶片和茎蔓,受叶脉限制呈不规则形或多角形,2～5 mm 大小(见图 10.2 及附彩图 10.2)。发病时期多在高温多雨季节,严重地块的病斑融合,形成穿孔,叶片干枯,茎蔓枯死。

图 10.2　怀山药斑纹病

2)发生条件

山药斑纹病发病的适宜日平均气温为 25～32 ℃。一般 7 月中下旬开始发生,8 月中旬达到高峰,病情可以一直延续到收获。高温、高湿及氮肥施用量大时发病严重。

3)防治方法

①农业技术防治。实行轮作倒茬,避免连作,至少 3 年轮作 1 次;山药收获后,及时清除病残体,减少初侵染源;提倡施用酵母菌沤制的堆肥和充分腐熟的有机肥。

②药剂防治。坚持以防为主,在山药甩条盘棵期(6 月初),喷洒 30%碱式硫酸铜悬浮剂 400～500 倍液,或 1∶1∶(200～300)倍式波尔多液,或 50%福美双粉剂 500～600 倍液,或 77%可杀得可湿性粉剂 500 倍液,或 70%代森锰锌超微可湿性粉剂 800 倍液和 1.5%菌立灭 1000 倍液混合喷洒。每 7～10 d 喷一次,连续防治 2～3 次。

(3)斑枯病

1)发病症状

斑枯病是山药苗期和秋季普遍发生的病害,主要为害叶片。发病初期,叶面上生褐色小点,后期病斑呈多角形或不规则形,6～10 mm 大小,中间褐色,边缘暗褐色,上面生黑色小粒点,严重时,叶干枯,全株枯死。

2)发生条件

日平均气温 20～25 ℃,阴雨天气发病重;相反,高温干旱的天气发病轻。土壤肥力不足,植株生长衰弱时,斑纹病亦易发生。

3)防治措施

①农业技术防治。搞好轮作倒茬,及时清理田间病残体,加强肥水管理,培育健壮植株,增强植株抗性。

②药剂防治。发病初期及时喷洒 30%氧氯化铜悬浮剂 600 倍液加 70%甲基硫菌灵可湿性粉剂 800 倍液,或 70%甲基硫菌灵可湿性粉剂 1000 倍液加 75%百菌清可湿性粉剂 1000 倍液,每 10～15 d 喷一次,连续喷 2～3 次。

(4)褐斑病

1)发病症状

褐斑病又称灰斑病,主要为害叶片,严重时会使叶片脱落,造成减产。叶斑出现在叶片两面,呈椭圆形或不规则形,一般 2～21 mm 大小。边缘为褐色,中心为灰白色至灰褐色,常有 1～2 个黑褐色细线轮纹圈,有的四周具黄色至暗褐色水浸状晕圈(见图 10.3 及附彩图 10.3)。

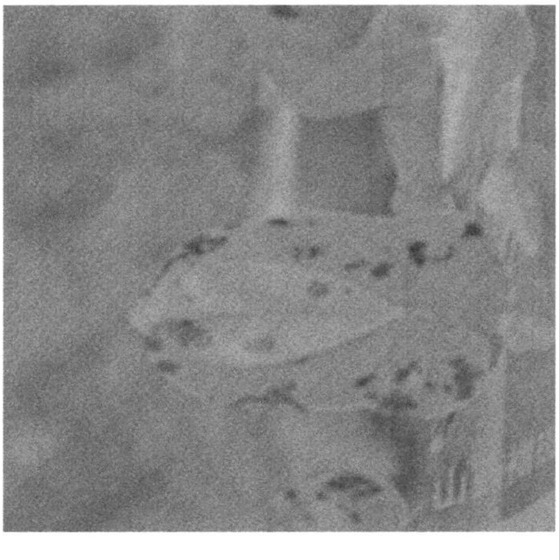

图 10.3　怀山药褐斑病

2)发生条件

温暖多湿有利于发病,特别是通风透光条件差、空气湿度大的田块易发病。发病的适宜日平均气温为 25～28 ℃,空气相对湿度在 80%以上,以 8—9 月份发病最重。

3)防治措施

①农业技术防治。山药收获后及时清理田间,将病残体集中深埋或烧毁。

②药剂防治。雨季到来时喷洒 75%百菌清可湿性粉剂 600 倍液,或 36%甲基托布津乳剂

500 倍液，或 50%多霉威可湿性粉剂 1000 倍液进行防治。

(5)根结线虫病

1)发病症状

主要为害山药的根茎和根系，同时地上部叶片变小，植株长势弱，茎蔓生长不良。发病块茎多数畸形，在块茎的毛根上也会产生如米粒大小的根结，块茎组织自表面向内变褐，并有其他微生物的再侵染而导致腐烂，严重影响产量和品质。

2)发生条件

土壤湿度大时发病重，干旱时发病轻。根结线虫活动的最适宜日平均气温是 25～28 ℃，温暖季节容易侵染和传播。

3)防治措施

实行轮作，土壤处理。

10.3.2　虫害

(1)山药叶蜂

1)为害症状

山药叶蜂(见图 10.4 及附彩图 10.4)为单食性害虫，其发生情况与生态环境有密切关系。幼虫咬食叶片，成孔洞或缺刻。杂草多、长势旺、施肥多、浇水勤的地块发生严重，反之则轻。

图 10.4　山药叶蜂

2)防治措施

生长期及时中耕、除草，收获后及时翻耕，使虫茧暴露或破坏，能减少虫源；人工捕捉成虫；在幼虫发生期喷洒化学药剂。

(2)蛴螬

以幼虫咬食幼苗和地下根茎，造成枯死。怀山药根茎遭蛴螬咬伤后造成斑痕，加工后整个根茎呈黄褐色，品质差，煮不熟，味道变苦。

1)发生条件及其为害

幼虫栖居土中，喜食刚刚播下的种子和根、块茎及幼苗等，造成缺苗断垄。5—7 月为成虫高发期。蛴螬常因温度的变化在土中做上下的垂直迁移。为害山药的蛴螬多数为当年新产卵孵化的幼虫，蛴螬活动的适宜日平均地温为 13～18 ℃，超过 23 ℃时逐渐下移。虫口密度的多少取决于产卵孵化期的土壤水分条件，以土壤相对湿度 55%～75%为宜，土壤表层湿润有利于幼虫存活。

2）防治措施

在深秋或初冬深翻土地，直接消灭一部分蛴螬，还可冻死、风干或被天敌啄食、寄生等一部分；避免施用未腐熟的有机肥；合理施用化肥和灌溉等。掌握成虫发生盛期，及时用药剂防治。

参考文献

李成杰. 2004. 四大怀药[M]. 郑州：中原农民出版社.

李术臣，贾海民，陈丹. 2005. 山药主要病害研究进展和生产中存在的问题[J]. 西北农林科技大学学报（自然科学版），**33**(8)：243-245.

刘跃红，闫小珍，焦振法，等. 2007. 焦作气候生态环境对四大怀药生长的影响[J]. 气象，**33**(5)：105-110.

王诗军，田福进，田凤环，等. 2004. 山药褐斑病的发生特点与防治方法[J]. 中国植保导刊，**24**(3)：42-43.

杨胜亚，余春霞，蔡中琴，等. 2004. 怀菊花 怀地黄 怀山药 怀牛膝高效栽培技术[M]. 郑州：河南科学技术出版社.

翟汝钦，孙建新. 1992. 焦作土壤[M]. 北京：农业出版社.

第 11 章　信阳毛尖茶

茶树是典型的亚热带常绿植物，较为耐阴。适宜的生长环境需要有较高的温度、空气湿度、水分及一定的太阳辐射。茶树既不能经受低温冻害和水分亏缺，也经受不了高温阴雨和强太阳辐射，否则将会导致生理失调和一些病虫害的发生，从而影响产量和品质，基至影响茶树植株的生存。信阳茶区地处大别山北坡，位于我国北亚热带向暖温带的过渡地带，气候温暖湿润，四季分明，雨热同季，雨量充沛，光照充足，夏半年温度高、湿度大，冬半年常见霜雪；年平均气温 14.6～16.3 ℃，年降水量 743.0～1527.7 mm，年日照时数 1568.0～2226.5 h，≥10 ℃的活动积温在 4900～5500 ℃ · d 之间，适宜茶叶生长。

信阳毛尖茶是我国传统名茶之一，也是河南省著名的特产之一。"十一五"期间，信阳市茶叶生产基地总面积由 100 万亩发展到 150 万亩，实现了亩产值 4500 元，总产值 40 亿元，茶农年人均茶叶收入 3000 元以上，茶产业社会总收入超过 50 亿元。茶叶已成为信阳市经济发展的重要支柱产业、优势产业和特色产业。

11.1　茶树物候期

茶树的物候期主要包括：叶芽膨大（即萌动或吐尖）期；一轮鱼叶展开（即萌发）期、一真叶展开期、二真叶展开期、三真叶展开期、四真叶展开期；二轮、三轮、四轮鱼叶各叶片依次展开期；茶叶各轮的采摘期；茶树花芽出现期、现蕾期、开花期、果实成熟期；冬季休眠始期，夏季第一次休止始期，第二次、第三次……休止始期等。

11.1.1　叶芽膨大期

叶芽膨大期（茶芽萌动期、吐尖期），茶树枝梢顶部越冬的顶芽、腋芽（或枝干上的一些不定芽），在经过冬季休眠之后，一般在 3 月份日平均气温达到 7～10 ℃左右时开始萌动。休眠状态的越冬芽逐渐膨大，芽表面保护芽体的鳞片裂开（通常每个越冬休眠芽外面有 3～5 片鳞片，呈复瓦状排列），带有白色茸毛的芽尖伸出鳞片外并超过鳞片的顶端。当芽体露出鳞片部分达鳞片长度的 1/3 以上时，即进入膨大期。当整个茶丛上休眠芽有 50％膨大时，即进入膨大盛期。

11.1.2　鱼叶展开期

鱼叶展开期又称萌发期。气温在 14～16 ℃时，鱼叶开始伸长展开，17～30 ℃生长迅速。当茶芽萌动后，芽体日渐膨大，外面的鳞片随着茶芽的增大，逐次展开并且依次脱落，继而出现的是鱼叶的展开。在每个茶树新梢的基部，通常都有 1 片鱼叶（亦有少数是无鱼叶或有 2～3 片鱼叶的），它是一种叶顶圆钝、叶柄宽平、侧脉不明显的小叶片，与正常的茶树叶片——真叶差异较大，实质上是一种发育不完全的真叶，具有鳞片与真叶之间的中间性状。当鱼叶展开后，就露出了整个壮实的芽体，它是由几片真叶卷包在一起形成的，这时即达到了茶芽萌发期。由于茶树品种的不同，春季茶芽萌动和萌发的迟早有一定差异。

11.1.3　一真叶—三真叶期

鱼叶展开后，真叶将逐一展开，即进入一真叶—三真叶物候期。

11.1.4　采摘期

茶树新梢抽长，达到 1 芽和 1～3 片真叶展开，就进入了新梢成熟可采期，即茶叶采摘期。春、秋季每展开一片叶子约需 5～6 d，夏季温度高，仅需 1～4 d，在适宜的环境条件下，只需 2～3 d 即可形成一片展开的真叶。环境条件较差时，每展开一片真叶可能需要 15～18 d。春季第一个茶叶采摘期通常称为“初采期”，茶区中则常称为“开园期”，春茶初采期通常在 4 月 5 日前后。

信阳毛尖茶的采摘期分为三个阶段：谷雨前后采制春茶，清明至谷雨前采制的“雨前毛尖”，被视为珍品；芒种前后采制夏茶，制作红茶；立秋前后采制秋茶。

11.1.5　休止期

春季茶树新梢上的嫩芽叶若不适时采摘会很快老化，不能作为制茶原料。未采的茶树新梢，通常在 5～6 片真叶展开后，枝梢顶端将出现一个退化的顶芽——驻芽。与此同时，进入休止期，新梢将暂时停止生长，形成明显的轮次节，完成第一轮茶芽的生长。

11.1.6　第二轮茶芽萌发采摘期

茶树经过短期休止后，新梢继续萌发、伸长、展叶。茶树生长季内适期采摘的新梢一般可以生长 4～5 轮。如果适期采摘新梢，残梗最上端叶腋中的腋芽将萌发成为次一轮的新梢，因此采摘可以促使下一轮新梢加速萌发，使全年茶芽萌发的轮次增多。

11.1.7　花芽分化和开花期

茶花是两性花，自花授粉难以结果，需要虫媒授粉才能正常受精发育成果实。茶树于每年 5 月开始花芽分化，开花时间因茶树品种和种植地区而异，一般于每年 9—12 月陆续开放，10 月中旬至 11 月中旬为盛花期。茶花的寿命一般为 2～7 d，如果开放后 2 d 没有受精，茶花便自动脱落，自花芽分化到开花约需 100～110 d。

11.1.8　果实成熟—采摘期

子房受精即开始发育，翌年春，气温回暖后继续发育。到了八九月间，茶树果实的果皮由原来的淡绿色逐步变为深绿、黄绿以至红褐色，此时达黄熟期。10 月下旬果皮渐呈棕色或紫褐色，此时进入了蜡熟期，即茶树果实成熟可采期。茶树自花芽萌发到茶果及种子成熟，约需一年半的时间。

11.1.9 秋梢停止生长期—休眠期(停采期、封园期)

当秋季日平均气温下降到10 ℃左右(约在11月中旬)时,茶树最后一轮生长的秋梢将停止生长,转入冬眠阶段。

从茶树越冬芽开始萌发至秋稍停止生长的这段时间(包括各轮之间的休止期)称为茶树新梢全年生长期。茶树全年生长期约为210 d左右。

11.2 气象因素对茶树生长发育的影响

11.2.1 太阳辐射与茶树的生长发育

茶树在光合作用过程中,对太阳辐射的光谱成分、辐射能强度或照度、日照时间的长短等都有一定的需求和反应。茶树由于原产于亚热带丛林中,长期适应于一些乔木枝叶覆盖的环境条件,具备耐阴的特性。日照时间的长短对于茶树茶芽的分化也有一定的影响。

树木遮阴对茶树生态效应的影响是很复杂的,可分为直接效应和间接效应。研究表明,直接效应除包括对茶园光照的影响外,还包括对气流的流通(风)、温度、空气和土壤湿度的影响等;间接效应则包括土壤水分、有机质、养分贮存与循环、根系的竞争等。这些因子彼此之间互有影响,且所有因子皆与茶树的生理过程有关。

11.2.2 温度与茶树的生长发育

适宜茶树生长的温度条件是年平均气温≥15 ℃,全年≥10 ℃的积温在4500 ℃·d以上,多年平均极端最低气温>−10 ℃。茶树生长发育的最佳温度为20~25 ℃,最适宜新梢生长的日平均气温为18~30 ℃。采收前10~20 d日平均气温在10~15 ℃,特别是采摘前3~5 d日平均气温为13~18 ℃时,茶叶品质最优。一般最低气温达−10 ℃时,开始受冻;−13~−12 ℃时,嫩梢、芽叶受冻较重,叶缘发红变枯,使春茶减产;−15 ℃以下的低温,将使地上部分大部或全部冻枯。当气温≥35 ℃时,茶树生长便会受到抑制,如果高温持续时间较长,再加上空气和土壤相对湿度低,茶树会因高温干旱而发育不良。

(1)温度与新梢的生长

在气温为20~25 ℃,降水、湿度等条件都很适宜的情况下,茶树新梢生长较快,每天平均可伸长1.5 cm以上,而在多数情况下超过2.0 cm。若气温超过25 ℃或低于18 ℃时,则新梢生长速度缓慢。气温在15 ℃以下,生长最缓。气温在20~30 ℃时,茶树生长虽然较快,但茶叶品质将会降低。信阳灌木型大叶种,在春季新梢生长期间,若气温稳定维持在适宜范围内,空气相对湿度维持在75%~85%的情况下,则新梢生长良好,轮性正常。如果此时气温下降到15 ℃左右,茶树新梢将立即停止伸展。

在头茶期间,昼夜温差越大,越能促进茶树新梢伸展的速度,同时也有增加产量的趋势,但是在二茶、三茶期间,恰恰与之相反,此时平均气温已高,白天的无效高温越多,昼夜温差越大,茶树新梢伸展的速度反而越缓慢,产量也呈减少的趋势。

(2)茶树新梢生长对积温的需求

春季茶树萌发后,新梢将随≥10 ℃活动积温的增加而不断增长。通常在茶树新梢上,每展开一片茶树嫩叶，约需≥10 ℃活动积温 90～100 ℃ · d。根据信阳茶叶试验场观测资料，信阳灌木型大叶种，春季新梢生长各生育期积温曲线，基本上呈S形。其中第1片真叶展开到第5片真叶展开期间，积温增长较快(约增加 760 ℃ · d)，特别是第3片真叶展开至第5片真叶展开期间，积温增长最快(约增加 530 ℃ · d)。因此，新梢在第3片真叶展开以后，最容易老化。自第5片真叶展开到出现驻芽期间，积温增长量则很小。

不同的季节和气候条件下，不同轮次的茶树嫩梢从开始萌发到新梢成熟可采，所需的热量(活动积温或有效积温)各轮次间略有不同，大致需要≥10 ℃活动积温 400～600 ℃ · d。

(3)茶树生殖生长与气温

茶树开花时的日平均气温通常为16～25 ℃。当气温为18～20 ℃，空气相对湿度为60%～70%时，最适宜于茶树花朵的开放。在花蕾形成后期，若气温低于－2 ℃，则茶花不能开放，若达到－5～－4 ℃，则茶树花器将大部分死亡。在秋季，如若当年副热带高压势力强盛，冷空气来得迟，则气温多在25 ℃以上，茶树开花也迟；反之，若当年副热带高压迅速东撤，冷空气来得早，初秋气温较低，则茶树开花也早。

茶树种子发芽的适宜温度为25～28 ℃。若将茶籽儿放入温度为25 ℃并含有适当水分的湿沙中，则15 d左右，茶籽儿开始发芽。若温度超过30 ℃，种子很容易变质，其发芽率逐渐降低，温度达45 ℃时，茶籽儿的发芽力将全部丧失。

11.2.3 水分与茶树的生长发育

适宜种茶的地区，一般年降水量应在1500 mm左右，月降水量在100 mm以上。由于茶树生长季节耗水多，休眠期间耗水少，因此，全年降水量一般应在1000 mm以上，空气相对湿度保持在80%左右为宜。

(1)茶园中的水分收支

茶树喜欢在湿润多雨的环境下生长，其植株体内含水分较多，根部含水量约为根重的50%，枝干含水量约占枝干重的45%～50%，老叶含水量约占老叶重的65%，特别是幼嫩的新梢，含水量最高，约为75%～80%。

根据农业气候资料分析，年干燥度(可能蒸发量与降水量的比值)在0.7以下的地区，可以作为主要产茶区，在此区内，茶树可以进行大面积栽培。若年干燥度在0.5左右，则该地生产的茶叶品质较高。

(2)空气湿度与茶树的生长发育

空气湿度对茶树的生长非常重要，在高度湿润的环境中，茶树新梢柔嫩，内含物质丰富，产量高，品质好。

一般认为，茶树在生育期间需要80%以上的相对湿度，在午后湿度较低的时候，空气相对湿度至少也要在70%以上。如果空气的相对湿度过低，茶园的蒸腾量大，则茶树植株本身的水分平衡受到影响，新梢的生长量低，而且多出现对夹叶。反之若空气相对湿度高，则将使茶园的蒸腾减弱，植株中的水分将多用于形成更多柔嫩的新梢。当空气的相对湿度低于60%时，则茶树的呼吸强度增大，由此所耗去的二氧化碳大于同期光合作用合成的量，叶质粗硬。因此茶叶的产量、质量都较差。

通常在垂直方向上，在一定的高度范围内，气温随着海拔高度的升高而降低。因此在山区一定的高度范围内，空气相对湿度常随海拔高度的升高而增大。通常海拔在600～700 m，一年四季常云雾弥漫，是空气相对湿度达到饱和的象征。高山云雾不仅提供了高湿环境，而且还减弱了太阳直射光，增强了散射光。此外，在邻近河川湖泊或是大型水库的山地丘陵，特别是水中的岛屿或半岛上，常年水汽蒸蔚，雾霭萦绕，生产的茶叶是品质最佳的极品。

(3)土壤湿度与茶树的生长发育

茶园土壤水分影响根系和新梢生长，适宜的土壤相对湿度在65%以上。

降水过多，排水不良，茶园土壤水分长期处于过饱和状态，则茶树根系缺氧窒息，茶树生长也受到不良影响，甚至全株死亡。

11.3 周年管理

11.3.1 耕作

(1)春茶前中耕

在春茶前进行耕锄，以抑制杂草生长，提高地面温度，一般在3月上、中旬进行，深度为10～15 cm。

(2)春茶后浅锄

春茶采摘结束后即5月中、下旬时宜进行一次浅锄，深度约10 cm，以达到锄去杂草根系、切断毛管水的作用，便于保蓄水肥。

(3)非生产季节的深耕

秋茶结束后，进行一次较深的耕作。条栽茶园，深度应浅一些，控制在15～20 cm，时间以秋梢停止生长或生长缓慢时进行较好，一般在9—10月，工具以二齿或四齿耙最好，可以避免损伤大量根系，应避免使用条锄、板锄及铲子等。

11.3.2 施肥

(1)基肥

在秋茶后施用厩肥、饼肥、复合肥、农家肥和茶树专用肥等有机肥。幼龄茶园一般每亩施1～2 t堆肥、厩肥，或100～150 kg饼肥，加15～25 kg过磷酸钙，7.5～10 kg硫酸钾。

(2)追肥

第1次追肥是在春茶前，通常在2—3月份，此时正值新梢展叶时，这次追肥又叫作催芽肥，目的是供应越冬芽萌发所需的营养；第2次追肥通常在春茶后进行，也就是在5—6月份施用，它是为补充春茶所消耗的营养。

叶面追液肥一般采摘茶园每亩50～100 kg，覆盖度大的可增加，覆盖度小的应减少，以喷湿茶丛叶片为宜，以喷洒在叶背为主，宜在傍晚喷施，阴天不限，雨天和风大时不宜进行喷施。

11.3.3 茶树修剪

(1)成年茶园修剪方式

轻修剪，深修剪，重修剪，台刈等。

(2)修剪时间

定型修剪，以早春、秋茶后为佳，一年2次。轻修剪，春茶前、春茶后、秋茶后均可，名优茶生产园宜安排在春茶后或秋茶后。深修剪、重修剪、台刈则应在春茶前或春茶后进行。

(3)修剪后管理

1)重施肥料

修剪程度越深，施肥量应越多。修剪前施入较多的有机肥和磷、钾肥；修剪后待新梢萌发时，及时追施催芽肥。

2)合理剪、采、留，培育树冠

幼龄茶树完成第 2 次定型修剪前不可采摘，以养为主，经 2～3 年的打顶和留叶采摘后，才正式投产；深修剪茶树留养 1～2 个茶季；重修剪茶树当年发出的新梢长到 25 cm 时，从重修剪剪口上提高 15 cm 左右剪，第 2 年春打顶轻采，春茶后再提高 10 cm 左右轻剪一次，即可正式投产；台刈茶树秋茶后离地 40 cm 左右剪，剪后 2～3 a 内逐年在上次剪口上提高 5～10 cm 修剪。

11.3.4 茶叶采摘

(1)打顶采摘法

通常在新梢长到 1 芽 1～2 片真叶以上，或者新梢将要停止生长时进行。实行采高养低，采顶留侧，摘去顶端 1 芽 1,2 叶，留下新梢基部 3～4 片以上真叶，以进一步促进分枝，扩展树冠。

(2)留鱼叶采摘法

茶叶初采期，随着制茶的种类和目的要求的不同，在确定具体的采茶时间上差异很大。在制高档茶时，鲜叶采得很嫩，通常仅有 1.5 cm 左右长，全系嫩芽，或 1 芽 1 叶初展，采摘时期比一般茶叶要早。

如果年前是个暖冬，初春气温又偏高，则当年春茶萌发早，茶树嫩梢生长速度快，开园采摘加工的日期比常年提前。反之，若初春出现倒春寒，茶芽萌发迟，新梢生长缓慢，则开园采摘期必向后推迟。另外，当春茶刚刚萌发不久，如遇到强冷空气侵袭，新芽可能因被冻而焦枯，新茶的采制时间，只有向后延迟，一直等到下一批茶芽重新萌发，长到 1 芽 2,3 叶时才可进行。又如，当茶芽生长到适于采制时，若天气陡变，遇暴风骤雨，不便于野外作业，则采摘计划亦推迟。

在晴朗凉爽的清晨，晨露已干时，采摘茶树鲜叶，最为理想。到了上午 9—10 时气温开始迅速上升时，应及时停采，并将已采的鲜叶送回加工，否则就容易老化而降低品质。若天气晴好，气温上升迅速，则应提前到黎明前开始采摘，即使当时所采的是露水叶，也要及时按标准采回晾摊于竹席上，促使露水蒸发。采摘时，宜先采阳坡茶园，后采阴坡茶园；先采低山茶，后采中高山茶；先采外山茶，后采内山茶；先采沙土茶园，后采黏土茶园；先采名茶原料，后采大宗茶。

11.3.5 越冬休眠期

为了使茶树安全越冬，秋末施基肥或耕作时间不宜过迟，施肥要注意氮、磷、钾三要素的适当配合，使枝条和根系生长充实。在冬季干旱的地区，还必须及时灌溉越冬水，以增强树体的抗寒能力。

11.4 茶树主要农业气象灾害及防御措施

11.4.1 冬季低温雨雪灾害

冬季山区高海拔茶园常有－15～－10 ℃的低温，有时还伴随着冰、雪、雨、凇，使茶树受冻。冬季有时积雪压断茶丛枝干，影响下年产量。2008 年 1 月份信阳出现的雨雪冰冻灾害持续时间长、积雪深、气温低，茶树受灾严重。

防御措施

冰雪来临前注意保温，未投产的茶园，要采取行间铺草措施；投产茶园，可在树冠面上铺草，以提高茶树的防冻能力。冰雪来临时，及时清除树冠上的积雪，以防止过厚的积雪压伤茶树。有条件的地方，可在茶园安装防冻风扇，防止茶树冻伤；雪融化后要及时检查茶树受冻情况，并根据冻害程度采取不同的技术措施。受冻较轻的茶园，可进行轻修剪，剪去树冠上面受冻的枝梢；受冻较重的茶园，应进行重修剪。同时要加强茶园肥水管理，在气温稳定回升时，要重施春肥，并配施磷钾肥。春茶采摘时，要注意留叶采摘，以便茶树迅速恢复生机。

11.4.2 干旱

(1)发生特点

当土壤相对湿度下降至 30%时，茶树的生长活动完全停止，芽叶凋萎而逐渐干枯，甚至整株死亡。因此，当发现清晨茶树叶片上不带有露水，叶片失去光泽，触动叶片作响时，说明茶园土壤含水量已降至很低，茶树已经缺水。

(2)防御措施

1)灌溉

灌溉方式包括浇灌、流灌、喷灌、滴灌、渗灌和雾灌等，通过灌溉达到茶树正常生长发育和增产的目的，因地制宜地采用不同的供水方法来达到抗旱防旱目的。

2)铺草

茶园铺草最好以茶行间不见土为原则，要求铺草厚度在 8～10 cm 之间，草料不要带草籽儿，以不带病虫害的稻草、绿肥、豆秸、山草、麦秆等为好。

3)间作绿肥

幼龄茶园行间间植夏季绿肥，间植茶园与不间植茶园对比，7—9 月份地温平均下降 10～15 ℃，大大减轻了茶苗受害率。因此，凡未进行铺草覆盖的茶园，特别是幼龄茶园更应种植夏季绿肥。夏季绿肥，以选择秆高、叶疏、枝干呈伞状的花生、大豆、绿豆、木豆、山毛豆等为佳。

4)耕锄保水

耕锄时应尽量减少伤害茶树根系，耕锄深度宜在 8～10 cm 之间，并在离开植株 30 cm 处进行。植株周围杂草宜用手拔除或用小锄铲除，以免碰伤茶树。在耕锄时应把杂草连根铲除，并用锄将杂草头泥土打碎，待把杂草晒死后铺于茶株周围。

应在施足越冬肥的基础上，在“立冬”前后浇一遍水，要求水分渗入土层 40 cm 左右，浇水后要及时松土保墒。

11.4.3　春季低温

(1)发生特点

早春气温回升后，茶树新芽相继萌发，如出现气温骤降、霜冻、小雪等反常气候条件(倒春寒)时，会造成茶芽冻害，使春季名优茶损失严重。早春季节应随时注意当地气象预报，提前做好预防倒春寒的措施。

(2)防御措施

1)蓬面覆盖

在温度降到4 ℃以前，立即在易受冻害的迎风坡茶园用稻草、杂草或遮阳网覆盖茶行蓬面，减小降温幅度，待寒潮过后及时将覆盖物去除。

2)土壤灌溉

在寒潮到来时，通过灌溉可增加茶园空气湿度，提高茶园土壤热容量，减小土壤变温幅度，减轻冻害对茶树的损伤。

3)喷水洗霜

如果发现叶片或树枝结霜，应及时进行树冠喷水，洗去附着在叶片和新梢上的霜，减少冻害损失。

4)抢采

寒潮来临前，对于已萌发芽叶的茶园，集中人力抢采幼嫩芽叶，以减少冻害损失。

11.4.4　暴雨洪涝

(1)发生特点

果树受淹后，造成茶树新梢卷缩、焦枯，叶片失绿、干枯或脱落，果实失水或脱落、开裂，或使根系因缺氧而死亡，导致烂根死树等。

(2)防御措施

重点采取开沟排水、清洗树体、耕翻松土、根外追肥、整形修剪、树体保护、病虫防治等技术措施，恢复树势，降低损失。

11.4.5　热害

(1)发生特点

当持久高温、强日照、降雨偏少、空气相对湿度低于50%、气温高于35 ℃时，叶片蒸腾作用加强，根系吸收的水分不能满足地上部分的消耗，使茶树出现焦斑、焦叶、顶芽与嫩梗萎缩、整株枯萎落叶甚至死亡等症状。

(2)防御措施

1)灌溉

对部分水源充足的茶园可进行自然灌溉或喷灌，以增加茶园空气湿度和土壤含水量。对一些水源不足的茶园可在上午9时前、下午5时后喷施0.5%尿素根外肥，既补充养分又增加水分，增强茶树生长势，同时做到采养结合，促使茶树恢复生机。

2)覆盖

①遮阳网覆盖。选择75号黑色遮阳网，沿茶行方向把遮阳网轻轻地平铺在茶树蓬面之

上，用 24 号铅丝每隔 2 m 左右把遮阳网两侧边缘固定在茶行两侧的小枝条上，把整条茶行的蓬面完全遮盖住。

②铺草覆盖。选择青草、稻草等每亩 1000～1500 kg，均匀地铺在茶树行间。

③幼龄茶园遮阴覆盖。可用松枝插在离茶苗 15 cm 的西南面，减少茶树和土壤水分蒸发。

3)加强肥水管理

对生产茶园、幼龄茶园和良种苗圃要利用清晨或傍晚的有利时机增施液肥，一般采用水肥比为 10∶1 的人粪尿或 1%硫酸铵、0.5%尿素等液肥进行浇施。

4)挽救措施

根据茶树的受害情况，在灾情消失后采取不同程度的修剪，并及时增施速效氮肥和磷钾肥。

11.5　茶树主要病虫害及防治措施

目前已发现的茶树病害有 30 余种，虫害 200 余种，而在信阳茶区发现的茶树病害有 11 种，主要有 6 种；虫害有 28 种，主要有 3 种。

11.5.1　病害及防治

气温较低、空气湿度大、云雾较多、日照偏少的气象条件，非常适于为害茶树芽叶的茶饼病的大发生。此外，气温稍低、空气湿度较大的气象条件下，也有利于茶白星病等的发生。在高温、高湿的气象环境下，茶云纹叶枯病、茶炭疽病、茶菌核黑腐病等病害，都会严重地发生并流行，而且也有利于茶苗白绢病发病。此外，茶梢黑点病，在气温 20～25 ℃和空气相对湿度大于 80%的气象条件下，也有利于发病。

(1)云纹叶枯病

云纹叶枯病(见图 11.1 及附彩图 11.1)主要为害成叶(当年生)和老叶，也为害芽叶、枝梢和果实。叶斑可发生在叶尖、叶缘或叶中部，初呈黄绿色水渍状斑点，后扩大为褐色近圆形(叶中)、半圆形(叶缘)或不规则形(叶缘或叶中的病斑扩大)。成叶上的病斑直径一般为 5～10 mm，颜色深浅不均，有波纹状轮纹，中央枯白色，周缘环绕暗褐色纹线。病斑后期产生灰黑色扁平的小粒点，常沿轮纹排列。嫩叶受害，常变黑褐色枯死。枝条上则形成灰褐色斑块，上面可生灰黑色小粒点。果实上产生黄褐色圆斑，后变灰白色并散生许多灰黑色小粒点，其病部有

图 11.1　茶叶云纹叶枯病

时开裂。

(2)炭疽病

茶叶炭疽病(见图 11.2 及附彩图 11.2)也主要为害成叶和老叶。叶斑多自叶缘和叶尖发生,初呈水渍状的暗绿色小圆斑,逐渐扩大,呈不规则形大斑;有时出现以中脉为界,一边坏死而另一边正常的症状。病斑颜色变为黄褐色至红褐色,最后中央呈灰白色,周缘有黑褐色的隆起纹线。病斑正面散生许多黑色小粒点,背面呈黄褐色斑,生有少量黑色小粒点。病部易破裂,病叶最后脱落。该病的症状与云纹叶枯病相似,但其病斑无轮纹,小粒点也较小。

图 11.2　茶叶炭疽病

(3)轮斑病

茶叶轮斑病(见图 11.3 及附彩图 11.3)在老叶和成叶上发生较多,有时也在茶芽上发生。病斑常在叶尖和叶缘发生,初为黄褐色小点,扩大后呈近圆形、半圆形或不规则形,直径可达 2～3 cm,边缘褐色,中央灰白色,具有同心轮纹,周缘常有褐色隆起纹线。病斑上散生许多黑色小粒点,有时沿轮纹排列。该病的症状与云纹叶枯病相似,但其病斑的轮纹较云纹叶枯病的波纹状轮纹圆整,小粒点的颜色较深,为浓黑色。

(4)圆赤星病

茶叶圆赤星病(见图 11.4 及附彩图 11.4)在成叶和嫩叶上发生较多,老叶和嫩梢上也有发生。叶斑初为褐色小点,扩大后为圆形小斑,直径为 0.8～3.5 mm,中央凹陷,呈灰白色,周缘有暗褐色隆起纹线。其中央后期散生黑色小粒点,潮湿时则产生灰色霉层。一个叶片上的病斑可达几十个,且可相互愈合成大斑。

图 11.3　茶叶轮斑病

图 11.4　茶叶圆赤星病

(5)藻斑病

茶叶藻斑病(见图 11.5 及附彩图 11.5)多发生于郁闭、通风不良的茶丛中、下部叶片上，在叶片的正反两面(正面较多)均有发生，初生为黄褐色针头状小圆点，有时呈十字形，然后向四周呈放射状扩散，形成近圆形灰绿色至黄褐色病斑，直径约 1～10 mm，表面突起，且有细条纹毛毡状物，边缘不整齐。病斑后期转呈暗褐色，表面平滑。

图 11.5　茶叶藻斑病

(6)防治措施

1)农业技术防治

主要是合理施肥，增施磷、钾肥，避免偏施氮肥。注意茶园排水，防止干旱和冻害，及时清除茶园杂草。冬季和早春清除有病枝叶，发病期摘除病枝叶，要集中烧毁。并要合理、及时采茶，避免采摘过度。

2)化学防治

对重病茶园，早春(2—3 月)可用 0.6%～0.7%石灰半量式波尔多液进行预防，在秋茶采摘后喷施波美 0.2°～0.5°的石硫合剂可抑制病害蔓延；在 5—6 月或 8—9 月病害发生季节，可用 70%甲基托布津可湿性粉剂 1000 倍液或 50%多菌灵可湿性粉剂 2000 倍液或 65%代森锌 600 倍液喷雾，均有良好的防治效果。

11.5.2　虫害及防治

茶毛虫、茶尺蠖和假眼小绿叶蝉是信阳茶区茶园的三大主要害虫。近几年来，由于气候变化和茶园管理不到位等多种原因，这三种害虫时有大量发生，严重影响茶园产量和茶叶品质，给茶农和茶场带来很大的损失。

(1)茶毛虫

茶毛虫(见图 11.6 及附彩图 11.6)又称茶黄毒蛾，在信阳茶区一年发生 3 代，幼虫为害期为 5 月上中旬、6 月下旬、7 月上旬、8 月中下旬—9 月。1～2 龄幼虫聚集在叶背取食叶肉，3 龄后幼虫分群迁散为害茶丛上部叶片，为害严重时可将茶树老叶、芽叶、嫩梢、花果全部食光。

防治措施

1)每年 11 月至翌年 4 月，人工摘除越冬卵块。

2)摘除各代初孵幼虫群。

3)成虫发生期点灯诱蛾，或利用性激素诱杀雄蛾。

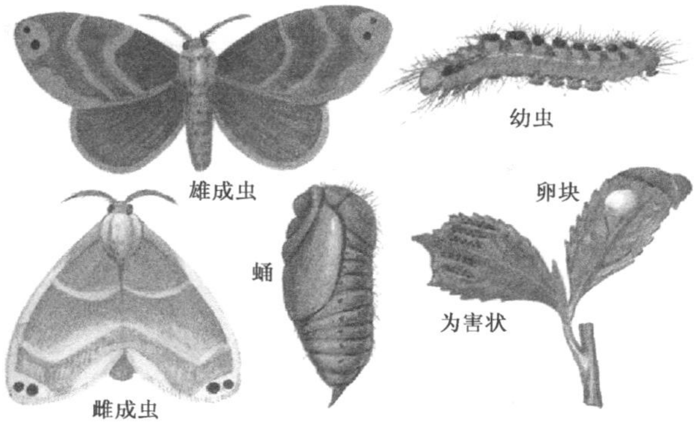

图 11.6　茶毛虫

4)结合耕作深埋结茧虫蛹。

5)利用黑卵蜂和绒茧蜂防治卵块和幼虫。幼虫期喷施苏云金杆菌或茶毛虫多角体病毒。

6)幼虫期喷施 50%马拉硫磷、50%杀螟松、10%二氯苯醚菊酯、20%杀灭菊酯、2.5%溴氰菊酯各 5000～6000 倍液,或 25%灭幼脲 1000 倍液。

(2)茶尺蠖

茶尺蠖(见图 11.7 及附彩图 11.7)又称拱拱虫、量寸虫、吊丝虫,是茶园尺蠖类中发生最普遍、为害最严重的种类之一。此虫发生代数多,繁殖快,蔓延迅速,易暴发成灾。在信阳一年发生 5～6 代,大发生时常将整片茶园啃食光,状如火烧,对茶叶生产影响极大。

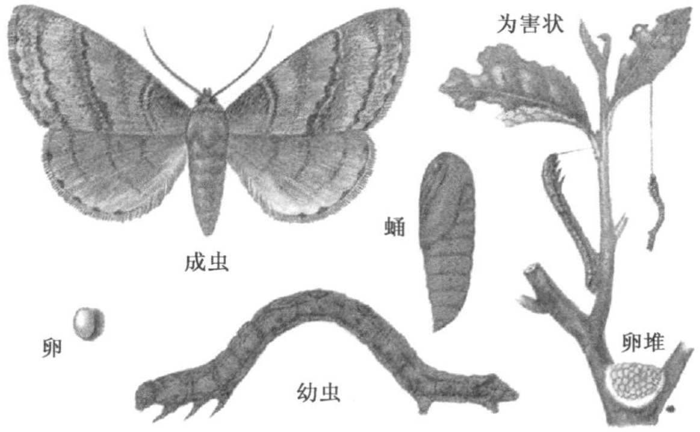

图 11.7　茶尺蠖

防治措施

1)保护天敌

茶园应尽量减少用药次数,降低农药用量,以保护天然的寄生性和捕食性天敌,充分发挥自然天敌的控制作用。

2)清园灭蛹

在茶尺蠖越冬期,结合茶园秋冬管理,清除树冠下落叶及表土中的虫蛹。在茶树根部四周培土 10 cm 左右,并加以镇压,可防止越冬蛹羽化的成虫出土。

3)喷施病毒

茶尺蠖多角体病毒对茶尺蠖幼虫有很强的感病率,全年以第1,5,6代致病率最高,每亩用量150亿～700亿个多角体,时间掌握在1～2龄幼虫期。

4)化学防治

茶尺蠖幼虫量大于防治指标(成龄投产茶园每亩4500头)时可用药剂防治,施药适期掌握在3龄幼虫期,施药方法以低容量扫喷为宜,药剂可选用2.5%功夫乳油20～25 ml/亩等,农药安全间隔期为5 d。

(3)假眼小绿叶蝉

茶叶假眼小绿叶蝉(见图11.8及附彩图11.8),俗名浮尘子,是茶树主要的害虫之一。受其为害,轻者芽叶受损、产量降低,重者芽叶被毁,造成失收。

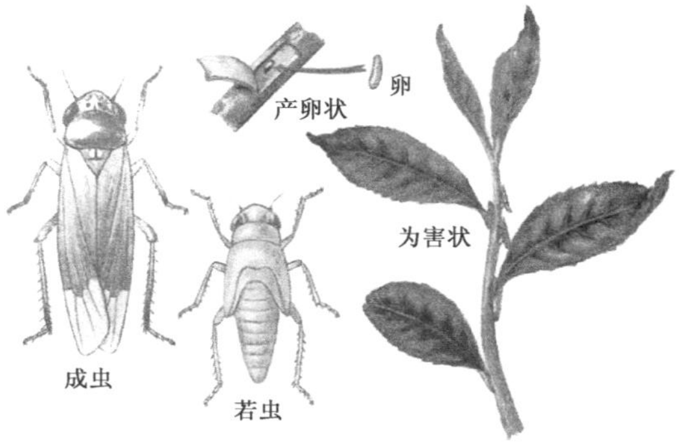

图11.8　茶叶假眼小绿叶蝉

假眼小绿叶蝉的若虫、成虫刺吸嫩梢、芽叶汁液,雌成虫在嫩梢内产卵,导致输导组织受损,养分丧失,水分供应不足。芽叶受害后表现出凋萎、叶脉变红、叶尖叶缘变红以至枯焦、节间短缩、质地变脆等症状,全年中尤其以第2轮茶受害最重。

全年中有两个虫口高峰期,第1个高峰期在5—6月,第2个高峰期在9—10月。气温、降水量和降雨日数是影响假眼小绿叶蝉虫口消长的主要气象因子。适宜在日平均气温17～28℃、时晴时雨的条件下发生。天敌有60多种,最主要的是卵寄生蜂、缨小蜂、蜘蛛和虫霉等。

防治措施

1)生物防治

科学运用农业栽培管理措施,充分保护自然天敌,发挥天敌作用,控制好小绿叶蝉的发生。

2)化学防治

可用天王星、功夫、硫丹、巴丹、吡虫啉等农药进行防治。具体用法是:每亩用10%吡虫啉15～20 g稀释成4000～5000倍液,或35%硫丹50～75 ml稀释成1000倍液,或98%巴丹40～50 g稀释成1000～2000倍液,或2.5%天王星25～40 ml稀释成1500～2000倍液,或2.5%功夫菊酯25～35 ml,稀释成2000倍液喷雾。掌握在假眼小绿叶蝉若虫高峰期前施药。

注:以上图片均源自信阳农业高等专科学校植物保护教研组《茶树病虫害防治》课件。

参考文献

胡巅，史洪中，王强. 1994. 豫南茶树主要病害与防治技术[J]. 河南科技，(6)：18-19.

黄寿波. 1981. 茶树生长的农业气象指标[J]. 农业气象，**2**(3)：54，58.

李倬，贺龄萱. 2005. 茶与气象[M]. 北京：气象出版社.

袁国强，李培玉. 2004. 河南信阳茶叶资源环境优势及发展[J]. 山地学报，**22**(6)：772-775.

浙江农业大学. 1979. 茶树栽培学[M]. 北京：农业出版社.

第12章　苹　果

苹果是喜低温干燥的温带果树，要求冬无严寒，夏无酷暑。苹果于19世纪自欧洲传入我国，因果实大、味佳、耐贮藏，迅速得到推广，现在苹果已成为我国大宗水果品种之一。灵宝是河南省最大的苹果基地，融东西地域的优点，为中华苹果之翘楚，灵宝的苹果个儿大、色泽艳、含糖高、味道美、耐贮运，其内、外品质在全国都处于领先水平，被誉为“中华名果”。

12.1　苹果物候期气象条件与管理措施

12.1.1　芽膨大期

(1)适宜气象条件

1)气温10～20 ℃，超过21 ℃即受影响。

2)发芽前期，土壤相对湿度保持在60%为宜。

3)果树芽膨大需要充足的光照。

(2)不利气象条件

1)气温低于4.4 ℃发芽受抑制，不利于树芽的生长。

2)新芽发育期如供水不足，梢生长势弱，严重时可致生长停止。

(3)果园管理

1)深翻

果园深翻施肥后，能起到蓄水保墒、增温的效果，深翻时期一般在雨后进行。

2)追肥

追肥宜在芽前进行，具体时间应根据当年气候条件确定，一般以气温稳定在10 ℃以上为宜。

12.1.2　芽开放期

(1)适宜气象条件

1)气温10～20 ℃。

2)土壤相对湿度以60%～70%为宜。

(2)不利气象条件

1)温度降幅过大易发生冻害。

2)干旱缺水。土壤相对湿度低于50%时会使新芽生长量不足。

(3)果园管理

1)适时灌溉

做到春旱早防,保持果树根生长的土壤相对湿度在60%~70%。

2)中耕保墒

春季土壤解冻后或降雨后及时中耕破除土壤板结。

12.1.3 展叶期

(1)适宜气象条件

1)日平均气温≥16 ℃。

2)光照充足。

3)土壤相对湿度为70%~80%。

(2)不利气象条件

1)早春冷空气活动频繁,温度起伏大,易造成低温冻害。

2)苹果展叶期需水量增加,春季降水少,极易造成果园干旱。

(3)果园管理

1)根据墒情,及时浇水追肥。

2)展叶后及时进行叶面喷药,防治病虫害。

12.1.4 开花期

(1)适宜气象条件

1)气温15~25 ℃,超过26 ℃即受影响。

2)微风、和风及晴好天气有利于果树进行授粉,提高果实授粉结实率,增加产量。

3)土壤相对湿度宜保持在60%左右。

(2)不利气象条件

1)当风速超过6~7 m/s时,会影响昆虫的传粉活动,同时空气湿度降低,柱头变干,花粉不能发芽。

2)如花期遇到5 d或以上连阴雨天气时,将影响授粉,造成受精不良,降低成花率,有花无果或使下年结果过多,引起大小年。

3)气温降至−2.0 ℃,花器冻死,子房受冻。

(3)果园管理

1)翻耕果园使土表粗糙,反射率降低,吸收的太阳辐射有所增加,表土疏松,孔隙增加,空气含量增多,能增加地温。

2)抓好果树花期冻害防御工作,可采用喷水、涂白、覆草、烟熏、打药等方法。

3)加强病虫害的监测和防治。

12.1.5 抽梢期

(1)适宜气象条件

苹果新梢生长期,正是叶面积大量增长、形成强大叶幕的关键时期。

1)当气温≥10 ℃时,春梢开始生长;当气温≥20 ℃时,停止生长,但由于水肥和树冠树势不同会有所差异。

2)春梢旺盛生长期需要大量的水分供应，对缺水最为敏感，称为“需水临界期”。土壤相对湿度应维持在80%左右。

(2)不利气象条件

干旱缺水，尤其是发生土壤干旱(土壤相对湿度低于50%)时会使新梢生长量不足，长、中梢减少，叶片受阻，落果增加，当年及下年产量锐减。

(3)果园管理

1)中耕锄草

每年4～8次，雨涝年份相应多一些，偏旱年份相应少一些。

2)叶面喷肥

6月上中旬，全树喷施1～2次0.3%～0.5%尿素，补充营养，促进花芽分化。

3)夏季修剪

时间宜在春梢停止生长前进行，从日平均气温稳定通过20 ℃开始。一是用各种方法张开骨干枝角度，改善光照，扩大树冠；二是对发育枝摘心、扭梢、捋枝、秋截等，对未能成花结果的大辅养枝进行环剥或环割，以促进花芽形成；三是疏除内部徒长枝、无用萌枝及叶片卷曲发黄的细弱枝，改善光照。

12.1.6　新梢停止生长期

(1)适宜气象条件

1)日平均气温20～27 ℃。

2)应控制土壤水分，保持适度干旱，土壤相对湿度以保持在60%为宜，可使新梢及时停止生长。

(2)不利气象条件

1)高温

30 ℃以上的高温天气会影响花芽的分化进程，尤以35 ℃以上高温天气影响最大，会降低苹果中固态物质和糖分含量，果实易发生日灼。

2)雨涝

若降雨多，土壤含水量过大或饱和，将影响春梢生长，推迟生长期，降低花芽形成率。

3)少雨干旱

土壤水分不足(土壤相对湿度低于50%)时，影响果实膨大，使果实小、品质差、产量低，严重时产生大量落果。

4)连阴雨

长期阴雨、寡照，不仅导致果实含糖量低、品质变差，而且易于各类病虫害的发生。

(3)果园管理

1)对果园土壤表面进行覆盖，可以降低土壤温度，避免根系受高温灼伤，同时可减少土壤水分蒸发。

2)加强病虫害的监测和综合防治，防止害虫暴发和病害流行。

3)继续进行夏季修剪，控制秋梢过旺生长，促进果实膨大和花芽形成。

4)深翻土壤，减少地表径流，增加雨水下渗，抗旱保墒。

5)追肥时，可适当增加钾肥用量，以增加糖分物质积累，促进着色。

12.1.7　可采成熟期

(1)适宜气象条件

1)天气晴好,有利于果实的采收。

2)苹果成熟期温度以 13.5～20 ℃为宜。在适宜温度范围内,低温有利于果实着色,温度越高,着色越差。

3)每天日照时数不少于 5 h。

(2)不利气象条件

1)当风速大于 6 m/s 时,易使果实脱落、碰伤,影响果实的商品价值。

2)日平均气温大于 25 ℃时,果实基本不着色,影响品质。

3)秋季阴雨一方面使果实着色差,果实光泽度降低,口感差,降低果实的商品价值,也给收获采摘带来困难。

(3)果园管理

1)适时喷水

采收前一个月内进行早(9 时前)、晚(16 时后)喷水,促进果实着色。

2)适时采收

苹果采收过早或过迟均不耐贮藏,整个采收期也不宜拖延太长,一般在最适宜采收期的前后 10 d 内采摘完毕。采摘时要轻拿轻放,避免机械损伤,做好伤病果和好果的分别处理。采果后要连喷 2～3 次杀虫剂、杀菌剂。

3)越冬保护

将树干刷白既可防冻又可防日晒。为了防止牲畜啃咬幼小树苗,也可以配置石硫合剂,同时防病防虫。

4)施好基肥

在早、中熟品种果实采收后,晚熟品种开始采收时(最迟在 10 月底)开始施基肥,施肥量占全年总量的 70%,以农家肥为主,化肥为辅。一般情况下盛果期果园亩用量,农家肥为 1000～2000 kg,尿素 20 kg,磷肥 150 kg,钾肥 30 kg。同时根据果园的缺素状况适量增加微量元素,但不可单施,以免造成施得越多越缺素。

12.1.8　越冬期

果树越冬期,各组织、器官对气象条件要求不一样,如果放任不管,树势衰弱,果树不能安全越冬,影响来年果实的产量和品质。

(1)适宜气象条件

最低气温大于－10 ℃,且气温变化幅度不宜过大。

(2)不利气象条件

1)低温强度和低温持续时间较长,尤其是当温度低于－10 ℃时,易发生冻害。

2)季节交替时的剧烈变温,如秋末冬初的寒流造成的剧烈降温和冬末春初的回寒,都对苹果树的生长发育不利。

(3)果园管理

因为苹果树越冬期的管理直接影响来年的产量,因此要做好果园的越冬管理工作,为树体提供充足的营养，补充能量，做好修剪，保温防冻，使果树顺利过冬。

1)整形修剪

苹果品种不同，其萌芽力和成枝力也不同。萌芽力和成枝力强的品种，树冠容易郁闭，修剪量要大，修剪时要多疏少截，以改善光照条件。相反，萌芽力或成枝力不强的品种，修剪量就要控制，否则会出现树冠缩小、枝条光秃等现象。

2)及时清园

将果园中散落的枯枝败叶、僵果、落果等集中掩埋。结合冬剪剪除病枝、虫枝，刮除粗、老树皮，以减少或消灭越冬病虫。

3)病虫防治

一是刮除腐烂病、干腐病等枝干病害的病皮，之后涂抹“护树将军”制剂，使病菌死亡，病皮枯死；二是用“护树将军”加石硫合剂对果树的枝干进行涂白，防治病虫为害，保护树体；三是在休眠期全园喷洒“护树将军”，保温防冻，消除越冬病虫，保护花芽，使果树安全越冬。

4)适时冬灌

为了防止果树冬旱，可在土壤封冻前进行冬灌，一般以 5 cm 地温 5 ℃、气温 3 ℃(即夜冻日消)为宜。

12.2　苹果物候期主要农业气象灾害及防御措施

12.2.1　干旱

干旱是影响苹果生产的主要农业气象灾害之一，苹果生育期的各个时期都有可能发生。发生时使苹果体内水分亏缺，影响正常生长发育，最终导致产量下降。

(1)春旱

指出现在 3—5 月份的干旱，连续 50 d 以上的总降水量≤30 mm，土壤相对湿度≤50％。

主要影响　造成枝干的水分入不敷出，蒸发量增大，树冠自上而下的失水加重，严重的可造成抽干死亡。不利于春梢正常生长，叶片受阻，影响授粉坐果。严重的春旱会使新梢生长量不足，长、中梢减少。

(2)夏旱

指出现在 6—8 月份的干旱，包括初夏旱(6 月 1 日—7 月 15 日)和伏旱(7 月 16 日—8 月 31 日)，连续 20 d 以上的总降水量≤30 mm，土壤相对湿度≤50％。

主要影响　使新梢停止生长，影响花芽分化，叶片生长受阻，影响果实快速增长，果实小，品质差，造成落果，产量锐减。

(3)秋旱

指出现在 9—11 月份的干旱，连续 40 d 以上的总降水量≤30 mm，土壤相对湿度≤50％。

主要影响　果实不能正常进入生长膨大期，轻则果实小、品质差、产量低，严重时产生落果，甚至造成果树萎蔫死亡。

(4)冬旱

指出现在 12 月—翌年 2 月份的干旱，此期降水偏少，土壤相对湿度≤50％。

主要影响　造成果树抗冻能力下降，长期干旱不能满足果树在自然休眠期所需要的水分，影响安全越冬，严重时可造成来年春季果树的生长期推迟。

为了防御干旱，要及时灌溉，补充土壤水分，增加土壤湿度；清除地面杂草以减少水分消耗；也可以在果树根部施土壤保水剂，提高土壤的保水能力。

12.2.2 低温灾害

在果树越冬期间，当气温降到生物学零度时，果树体内水分冻结而遭受冻害，使发育期推迟，甚至发生生理障碍造成减产。常见的低温灾害有低温冷害、寒害、晚霜冻和冻害等。

(1)寒害

一般出现在3—5月份，指24 h气温下降幅度≥8 ℃，最低气温≤4 ℃；或者48 h气温下降幅度≥10 ℃，最低气温≤4 ℃的春季寒潮，又称为寒害。

主要影响 给果树幼嫩组织带来致死伤害。首先冻死雌蕊，其次冻死雄蕊，雌、雄蕊冻死的症状是变成黄色再变成褐色和黑色，严重时花簇变成黑色。后期影响开花授粉和坐果，低温时间越长危害越严重，影响受精结果，造成减产，严重时当年无收。

(2)低温冷害

春季低温常伴随寒潮等发生，当气温降至2.8～4 ℃时，花芽受冻，开花期气温降至2 ℃时，冻死花器，子房受冻，造成大量的花蕾死亡，勉强存活的花蕾开花后质量差，坐果率低。

(3)冻害

对未成龄或生长旺盛的果树，当冬季气温降至－10 ℃，维持3～5 d，造成树干背阴面受冻，皮层局部冻伤变褐，部分枝条干枯。对营养生长过旺或施肥过多的果树，当遇到－3 ℃低温时，将造成严重影响。

12.2.3 连阴雨

主要是指夏季和秋季连阴雨，是指连续降雨≥5 d(期间允许1 d阴天无雨)，同时过程降水量≥30 mm的天气过程。

(1)主要影响

夏季连阴雨导致光合作用不能正常进行，果实不能及时进入膨大期；园内长期积水造成根系窒息或烂根；影响果实正常生长发育，容易造成果面出现水锈斑点；有利于病菌滋生蔓延，使病虫害大发生。秋季连阴雨影响果实增长，使果实含糖量低，着色差，影响成熟采收，最终使果实失去较高的商品价值。

(2)防御措施

及时清除杂草，疏松土壤，开沟清除地面积水，保持根系呼吸畅通；勤检查，发现病虫害及时防治。

12.2.4 暴雨

(1)主要影响

夏季暴雨有时会导致果树被冲毁或折枝；果实、叶片被暴雨冲落；果园内排水不及时，因水分过多而烂根，造成养分损失。由于暴雨猛击地面，还会造成土壤板结、通透性差，根系吸肥吸水能力下降。秋季暴雨常会造成根系腐烂，在土壤过湿和光照不足的双重影响下，果树生长不良，产量下降。

(2)防御措施

遇有暴雨及时开沟清除果园积水,雨后疏松土壤,恢复根系活力,适当施肥补充土壤养分。

12.2.5 冰雹

(1)主要影响

冰雹会造成果树树体和果实的机械损伤,会摧残树叶影响光合作用和养分积累。冰雹发生在幼果期,可留下伤痕,影响果实外观和品质;发生在成熟期,可打落果实,同时还会造成树势衰弱及引起病害的发生。

(2)防御措施

及时收听气象预警信息,及时采摘,必要时还可以布设防雹网,尽量减少损失。

12.2.6 高温

(1)主要影响

夏季高温会加剧果树呼吸作用,消耗大量水分,有时还直接造成日灼伤害。特别是夏、秋白天中午前后,主干南面受日光直射,树皮温度可达 35 ℃以上,处于干旱状态下的果树株体温度甚至可达 40 ℃以上。在干旱情况下,每天经 2～3 h 就会出现日灼,轻者树皮变褐裂皮,重者树皮变黑呈烧焦状,干枯开裂,甚至造成幼树死亡。高温还会降低苹果中固态物质的积累和糖分含量。

(2)防御措施

适时向果园灌水,以补充水分、增强果树的耐热能力,还可以采取给树冠喷水的方式,防止因高温天气给果树造成“日灼”现象。

12.2.7 风害

(1)主要影响

在苹果树开花期,当风速超过 6～7 m/s 时,就会影响昆虫的传粉活动,使空气湿度降低,柱头变干,花粉不能发芽,造成落花、落果、折枝、损叶。冬季大风也会造成土壤水分大量消耗,树干干枯,枝条抽干,花序死亡。

(2)防御措施

提前采取撑杆、支条等措施,增强果树的抗风能力,并及时做好灾后的补救工作。

12.3 苹果物候期主要病虫害及防治措施

12.3.1 腐烂病

(1)发病症状

腐烂病一般仅使皮层组织腐烂死亡,严重时可侵染靠近皮层的木质部,其症状可归纳为溃疡型和枝枯型两种类型。

1)溃疡型

苹果树溃疡型腐烂病(见图 12.1 及附彩图 12.1)主要发生在幼树的主干、结果树的中心干和主枝下部及结果树的主枝与主干分叉处。病部大小不等，红褐色，水渍状，稍隆起，近圆形或不规则形。病组织质地糟烂，发出酒糟味，用手指按压即下陷，并流出红褐色汁液。掀开表皮可见树皮内层已完全腐烂，病变范围远比外表所见的大。

2)枝枯型

苹果树枝枯型腐烂病(见图12.2及附彩图12.2)多在春季发生，感染小枝、果台或树势极度衰弱的大枝，病变蔓延迅速，全枝迅速失水干枯死亡，病疤不隆起，不呈水渍状，边缘不明显。

图12.1　苹果树溃疡型腐烂病

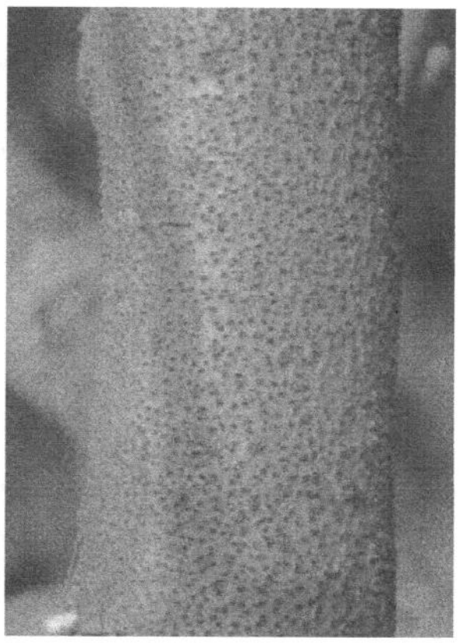

图12.2　苹果树枝枯型腐烂病

(2)发生规律

1)盛发期

春季和秋季两次发病高峰。

2)发病气象条件

低温冻害与该病关系最为密切，冻害使树体抗病性降低，树体发生冻害之年，往往是该病大发生之年。

(3)防治措施

1)综合管理

对施肥少的果园，要增施有机肥和磷钾肥，提高树体的贮藏营养水平，增强树势，提高其抗寒、抗病力。修剪时尽量少造成伤口，并对伤口加以处理和保护。剪锯口和其他伤口用煤焦油或油漆封闭，减少病菌侵入途径。及时防治叶部病虫害，避免早期落叶，削弱树势。做好果树防寒工作，减少冻伤口，幼树防寒以培土为主，结果树进行涂白，一般在刮净树体老翘皮后进行。

2)清除病源

随时剪除树上的小病枝，清除病皮、枯桩，并集中烧毁。春季果树萌芽前，喷施波美5°石硫合剂，消灭病原菌。在发病后及时发现，及时刮治。春季腐烂病高发季节，经常检查容易发病部位，随时发现，随时刮治。刮治时，在病疤周围延出0.5 cm，用刀割一深达木质部的保护圈，然后将圈内的病皮和健皮彻底刮除，并集中烧毁。刮后涂5～10倍的果腐康或腐必清药液，处理后20 d再涂一次。

3)抹泥法

发现病疤不用刮治,用土和成泥,敷于病处,厚 3～5 cm,四周要比病疤大 5～6 cm,压实,外面用塑料薄膜捆紧,防止蒸发或脱离病处。

12.3.2　轮纹病

(1)发病症状

轮纹病主要为害枝干和果实,叶片受害比较少见。枝干发病后,初期以皮孔为中心产生红褐色近圆形或不规则形病斑,直径约 3～20 mm(见图 12.3 及附彩图 12.3)。病斑质地坚硬,中心突起,如一个疣状物,边缘龟裂,与健康组织形成一道环沟,翌年病斑中央产生许多黑色小粒点即病原菌的分生孢子器。严重时,病组织翘起如马鞍状,许多病斑往往连在一起,使表皮显得十分粗糙。病菌一般只侵害树皮表层,严重时还可侵入皮层内部。果实多于近成熟期和贮藏期发病,果实受害时也以皮孔为中心初呈水渍状褐色小斑点,很快扩大成呈淡褐色或淡褐色与深褐色交替的同心轮纹状病斑,有时有茶褐色的黏液溢出,病斑不凹陷(见图 12.4 及附彩图 12.4)。

图 12.3　苹果枝干轮纹病

图 12.4　苹果果实轮纹病(韩文璞拍摄)

(2)发生规律

一般轮纹病烂果率为 20%～30%,重者可达 50%以上,个别年份田间病果率可高达 70%～80%,并且在果实贮藏期可继续发病。

1)盛发期

温暖多雨或晴雨相间日数多的年份易发病。

2)发病的气象条件

多雨、高温是该病流行的主导因素。年降水量大、雨日多、雨水集中在果实感病期,尤其是 5—7 月出现阴雨连绵的年份,该病就比较重。当气温在 20 ℃以上,空气相对湿度在 75%以上或连续降雨 3～4 d,孢子大量散布,病害传播最快。

(3)防治措施

1)加强栽培管理

增施有机肥,增强树势,提高果树的抗病能力。合理控制负载,严禁过度环剥。

2)铲除越冬菌源

萌芽前用45%施纳水剂300倍液,或波美3°～5°石硫合剂全树喷施;对病斑较集中的部位,可刮除病斑后用843康复剂涂抹。

3)喷药保护

从落花后7～10 d开始喷杀菌剂,每10 d左右喷一次,连喷2～3次,套袋果在套袋前5～7 d再喷1次;不套袋果园应连续喷药至9月上、中旬。有效药剂可选用80%必得利或大生可湿性粉剂800～1000倍液,或70%甲基托布津可湿性粉剂1000～1200倍液,或50%多菌灵可湿性粉剂600～800倍液,或1%中生菌素200～300倍液。不套袋果发病后应选用87%乙膦铝可湿性粉剂500～600倍液+50%多菌灵可湿性粉剂800倍液,每10 d喷一次,直至采收。

12.3.3　白粉病

(1)发病症状

白粉病(见图12.5及附彩图12.5)主要为害嫩苗,成树的芽、梢、嫩叶,也为害花及幼果。幼苗受害时,叶片及嫩茎上产生灰白色斑块,严重时叶片萎缩、卷曲、变褐、枯死,后期发病部位长出密集的小黑点。成树受害时,芽干瘪尖瘦,春季发芽晚,节间短,病叶狭长,质硬而脆,叶缘上卷,直立不伸展,新梢满覆白粉;生长期健叶被害则凹凸不平,叶绿素浓淡不匀,病叶皱缩扭曲,甚至枯死;花芽受害则花变形、花瓣狭长、萎缩;幼果受害后果顶产生白粉斑,形成锈斑。

图12.5　苹果白粉病

(2)发生规律

1)盛发期

5月为发病盛期,秋季形成二次发病高峰。

2)发病气象条件

春季温暖、干旱,夏季多雨、凉爽,秋季晴朗,有利于该病的发生和流行。该病害流行的适宜日平均气温为12 ℃左右。

(3)防治措施

1)清除病源

在增强树势的前提下,要重视冬季和早春连续、彻底剪除病梢,减少越冬病原。

2)化学防治

在萌芽期和花前花后喷药。萌芽期喷波美3°石硫合剂;花前可喷波美0.5°石硫合剂或

50%硫悬浮剂 150 倍液。发病严重时，花后可连喷 2 次 25%粉锈宁 1500 倍液或 6%乐必耕 1000 倍液。

12.3.4 炭疽病

(1)发病症状

苹果炭疽病(见图 12.6 及附彩图 12.6)发病初期，果实表面出现淡褐色圆形小斑点，病斑迅速扩大，果肉软腐、下凹，呈黑褐色。病斑扩大到 1～2 cm 时，病斑上生出同心轮纹状排列的小黑点，小黑点突破表皮，空气潮湿时溢出粉红色黏液，最后失水干缩成黑色僵果。晚秋低温染病的病斑不扩大，表现为深红色小斑，中心有一暗褐色小点。

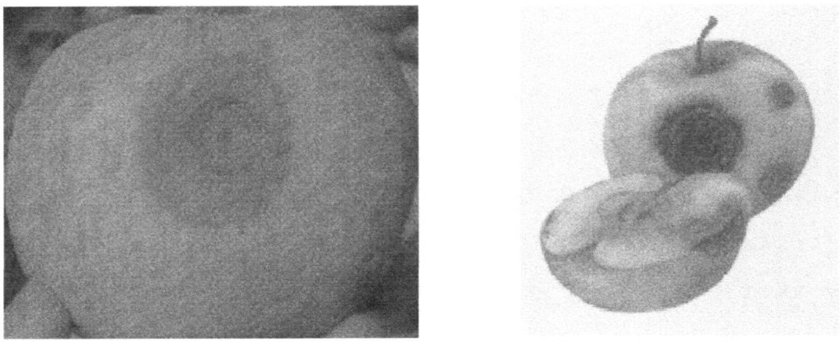

图 12.6 苹果炭疽病

(2)发生规律

1)盛发期

河南省一般始见于 7 月上旬，8 月为发病盛期。

2)发病气象条件

多雨、高温、高湿有利于此病的发生流行。

(3)防治措施

1)清除病源

在增强树势、提高抗病力的基础上，清除病源是防治的关键。应彻底清除病僵果，剪除病枯枝、果台，切断初侵染源。另外，不用刺槐作为防护林。

2)化学防治

发芽前喷施波美 5°石硫合剂混 200 倍五氯酚钠。田间孢子开始传播时，每半月一次，连续 3～4 次，交替喷施 200 倍石灰多量式波尔多液和 50%退菌特 600 倍液，或 70%炭疽福美 500 倍液，或 50%敌菌灵 600 倍液，或 50%硫悬浮剂 400 倍液。

12.3.5 小食心虫

(1)发病症状

幼虫蛀果后，从蛀孔处流出泪珠状的胶质，胶质干涸后在蛀孔处留下一小片白色蜡质膜，蛀孔愈合后形成小黑点(见图 12.7 及附彩图 12.7)。

(2)发生规律

该虫一年发生 2～3 代，以老熟幼虫做冬茧在土壤中越冬。翌年苹果落花后半月左右，当旬平均气温达到 17 ℃、5 cm 地温达到 19 ℃时，幼虫开始出土，出土幼虫作茧化蛹，蛹 8～9 d，

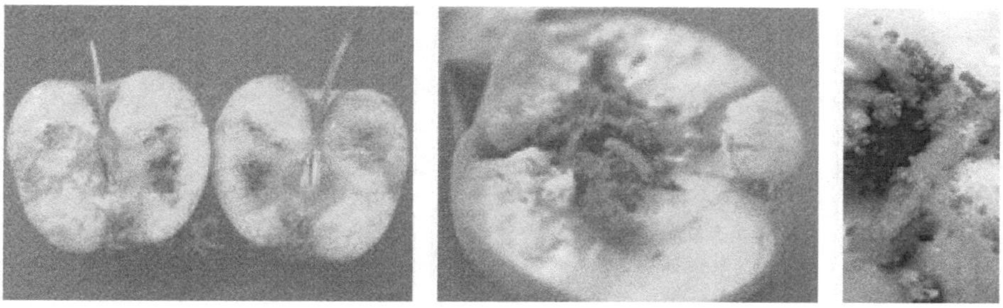

图 12.7　苹果小食心虫

出土 16～18 d 后成虫出现。成虫盛期一般在 6 月上、中旬。从出土开始到结束约需 2 个月。

(3)防治措施

在抓好人工越冬防治的基础上，辅以摘拾虫果，生长期补充必要的药剂杀卵保果。秋季束草诱杀，早春刮树皮(重点在中晚熟品种)和清理树体是减少越冬虫源的有效措施。卵和幼虫期可用药剂防治。

参考文献

陈新平. 2009. 苹果新优品种及优质高效栽培技术[M]. 郑州：中原农民出版社.

董金敖. 2007. 农业植物病理学[M]. 北京：中国农业出版社.

李云瑞. 2006. 农业昆虫学[M]. 北京：高等教育出版社.

刘志恒. 2002. 苹果树腐烂病[J]. 新农业，(4)：38-39.

吕国强. 2008. 主要农作物重大病虫防治手册[M]. 郑州：河南科学技术出版社.

王少敏，于青. 2008. 苹果优质高效安全生产技术[M]. 济南：山东科学技术出版社.

袁文忠，索继军，杨选朝，等. 2009. GB/T 22740—2008　地理标志产品灵宝苹果[S]. 北京：中国标准出版社.

中国农业科学院. 1999. 中国农业气象学[M]. 北京：中国农业科学技术出版社.

第13章　大　枣

枣树是我国最古老而独有的果树之一，距今已有5000多年的栽培历史。全国现有枣树栽培面积100万 hm^2，总产量400余万 t，占世界枣总产量的99%（夏树让等，2008）。枣树具有耐干旱、耐瘠薄、耐盐碱，适应性强、分布较广，结果早、收益快、省工的特点。在东经75°～125°，北纬19°～43°均有栽培。

由于各地自然条件不同，形成了不同的栽培品系。以年平均气温15 ℃等温线为界，分为南枣和北枣两大类：南枣品系耐高温、多湿和酸性土壤；北枣品系耐低温、干旱，抗盐碱。北枣的主产区在黄河流域的冀、鲁、豫、晋、陕等5省，占全国栽培面积的90%。现有6个变种，近700个品种，但地区性强。河南省的豫中新郑一带以灰枣、鸡心枣，驻马店以羊角枣，豫东以永城长红，豫西以灵宝大枣，豫南以胎里红枣、桐柏大枣，豫北内黄、淇县一带以无核枣、大叶枣、扁酸枣为主要栽培品种。

河南省枣树栽培面积以新郑最大，为1.2万 hm^2，约400万株。其中，灰枣（又名新郑大枣，见图13.1及附彩图13.1），约有320万株，占新郑总株数的80%；鸡心枣（又名新郑小枣，见图13.2及附彩图13.2）约60万株，约占新郑总株数的15%。

图13.1　新郑灰枣

图13.2　新郑鸡心枣

主要枣产品有干枣、蜜枣、枣粉、枣片、枣干、香心焦枣、枣酒、枣醋等几十个品种。

13.1 枣树物候期气象条件

13.1.1 温度

枣树随气候条件的变化，有节奏地进行萌芽、发根、开花、长枝、果实发育、落叶和休眠等一系列的外部形态和内部的生理变化，这种生命活动的过程称为生物气候学时期，简称为物候期。物候期的变化是受外界环境条件综合影响的结果。由于各地的温度、品种、栽培方式不同，物候期有很大差别。根据新郑、永城农业气象观测，枣树物候期见表13.1。

表13.1　枣树物候期(月-日)

地点	品种	萌芽	抽枝展叶	开花	白熟	果红	落叶	生育期(d)
新郑	灰枣	04-05	04-16	05-15	08-25	09-15	10-15	194
新郑	铃枣	04-23	05-04	06-02	07-20	08-17	09-23	154
永城	长红	04-07	04-20	05-28	08-28	09-20	11-09	217

枣属于喜温树种，因而有萌芽晚、落叶早的特点。据观测，枣树在年生长周期内，要求≥10 ℃的活动积温在2500～3000 ℃·d之间；温度达到30～35 ℃时，落叶枣树的生理过程受到抑制，40 ℃时生理过程受伤害。日平均气温在11～14 ℃时开始萌芽；抽枝、展叶和花芽分化的最适宜温度在17～18 ℃之间；19 ℃开始现蕾；日平均气温达22～25 ℃时进入盛花期；花粉发芽的适宜温度为24～26 ℃，低于20 ℃或高于38 ℃，发芽率都显著降低；果实生长发育的适宜温度为24～27 ℃；果实成熟期的适宜温度为18～22 ℃，且昼夜温差大时，有助于枣果糖分的积累；当日平均气温降低到14 ℃时开始落叶，进入休眠期。

(1)根系

根据新郑枣树科学研究所对盛果期成龄枣树的观察，枣的吸收根在3月中、下旬(30 cm旬平均地温为8.8 ℃)开始活动，4月上、中旬(30 cm旬平均地温为14.8 ℃)新根大量发生，新根生长高峰出现在7月中旬到8月上旬(30 cm旬平均地温为24～26 ℃)，新根于9月初停止生长。结果期植株新根年生长量为20～40 cm，一年生枣苗新根年生长量为1.5～2.0 m。

(2)萌芽、展叶

枣树萌芽表示休眠终止，地上部生长开始。一般4月上、中旬新芽萌动，嫩枝很快抽出，叶片展开。枣芽有多次萌发的习性，枣步曲、象鼻虫及锈病为害后，往往出现二次萌芽。

(3)花、果

5月中旬(旬平均气温为22.7 ℃)，枣树进入始花期，5月下旬(旬平均气温24 ℃)或6月上旬(旬平均气温25 ℃)进入盛花期。果实发育期为85～105 d，分为4个时期：5月下旬(旬平均气温24.4 ℃)到6月上旬(旬平均气温25 ℃)为枣果缓慢生长期；6月上旬到6月中、下旬(旬平均气温26 ℃)为枣果纵径快速生长期；6月中、下旬到7月上旬(旬平均气温28 ℃)为枣核形成期；7月上旬到9月上旬(旬平均气温20.8 ℃)为子叶、果肉快速生长期。9月中旬(旬平均气温19 ℃)果实成熟。

(4)落叶和休眠

多数品种10月中旬(旬平均气温14.8 ℃)落叶，10月下旬(旬平均气温13.2 ℃)落枝。

落叶后至萌动前这段时间，称为休眠期。休眠经过一段低温后，温度达到芽的萌发条件时，枣芽开始萌动抽枝。

休眠是个相对的概念，休眠期内正常的生理活动仍在进行。枣苗休眠的初期，当肥水条件较好、地温尚高时，地上部枝干光合作用继续进行，且昼夜温差大，有助于光合产物的积累，并不断向地下部输送，因而苗茎仍有一定的生长。

13.1.2　光照

枣树属喜光植物，叶片上、下表皮内均有栅栏组织。光照充足（日照时数多于 5 h/d）时，叶色浓绿，碳素同化作用强，干物质积累多，有助于果实膨大及糖分等营养物质的合成，果实发育好、产量高。因此，合理密植，加强树体管理，确保枣树冠部内外合理受光，才能树壮、花旺、果多。部分枣树品种主枝开张角度小，若不及时修剪，树冠内叶片紧密，相互遮阴后，导致位于树冠中心的叶片变薄，叶绿素分解，叶色黄化，叶片早落；果枝坐果少，落果重，如鸡心枣。

13.1.3　水分

枣树各器官含水率不同，据新郑枣树科学研究所资料表明：叶片含水率为 61.5%，绿枝（吊）为 58.3%，二年生枝为 39.5%，多年生枝为 37.2%，花为 64.1%，果为 59.6%，须根为 65.3%，树干为 34.8%，树皮为 40.2%。

土壤水分是枣树根系吸水的重要来源，土壤水分的变化和运动，影响到枣树的生长和发育。枣树年生长周期内，以土壤相对湿度 60%～80%为适宜；≥80%为过湿，土壤水分过多，长期积水，透气不良，易烂根，造成整株死亡。

13.1.4　风

适宜的风速可以调节枣林间二氧化碳和氧气的浓度，有助于光合、呼吸作用的正常进行。3 级以下的风，可改变林间湿度、温度，调节环境，促进蒸腾作用，有利于枣树生长、开花、授粉、结实和晒枣。但风力过大，可形成灾害，花期出现 5 级以上的风，将增加落花量，降低坐果率；果实成熟前多风，易出现“风落果”。

13.2　枣树物候期气象灾害及防御措施

13.2.1　干旱

（1）干旱对枣树生理的影响

干旱是影响枣树产量的主要因子之一。当土壤或大气水分缺乏时，枣叶即出现卷曲或凋萎。

据观测，枣树生长期（6—8 月）内，当 30 cm 土壤相对湿度为 40%～50%时，枣苗出现暂时萎蔫，不仅影响根系的水分吸收，甚至发生外渗现象；土壤相对湿度≤30%时，则出现永久萎蔫。当大气干旱时，枣树易焦花、落花，坐果率大幅度下降。如果干旱持续，果实中的水分及养分则向叶片转移，果实停止发育，最后脱落。

不同的枣树品种，具有不同的耐旱性。如灰枣较鸡心枣抗旱性强，灰枣叶片正面浓绿，背面灰绿,常态下叶片多沿着主脉向上微卷,以减少叶片的蒸腾作用;同时灰枣的须根较多,能够从土壤中吸取较多的水分,以满足正常生长对水分的需求。

(2)干旱的防御

枣树属耐旱植物,花期干旱,一般无须浇水,可在下午喷水2~3次(间隔1 d)。果期干旱,出现枣果暂时萎缩时,应进行灌溉,水源差的地方,可采取开沟浇水,每株浇水100~150 kg,浇后封土保墒,中耕除草、松土,以割断毛细管,减少水分的蒸发。沙土和有机质少的枣园,应多施有机肥,以改善土壤的理化特性,增加团粒结构,提高其保水性。

13.2.2 风害

(1)果枝生长期

枣树刚刚抽出的幼嫩果枝,长3~4 cm时,在5~6级风的作用下,持续10 h以上时,可改变嫩枝的生长状态。例如,北风可使幼枝一律朝向南方生长,这虽显示了枣树对环境的高适应性,但违背了枣树的正常发育规律,对枣树生长有着直接的抑制作用;若风力过大,可刮断幼枝,危害更大。

(2)花期

枣树在盛花期最忌大风,特别是西南方向的干热风,降低大气湿度,增加蒸腾作用,令枝、叶凋萎;花因水分和无机盐类供应情况的恶化,柱头黏液很快消失,雄蕊提前凋萎,花萼、雌蕊呈现褐色,形成焦花,严重影响枣树的授粉与受精,降低坐果率,减少产量。

(3)果期

风害是造成枣树后期落果的主要原因。

8月下旬,果实进入了第2个快速生长期,由于负载增大,枝条下垂,因而枝叶显得更加密集,此时风力达5级以上时,枝条摇摆,果实相互碰击,容易导致落果。风落果有全绿的、黄绿的和柄端开始变红的,这些果大部分正处于糖期,干物质少,水分占76%左右,晒成后色黄、空皮、甜味差。

8—9月间,雷雨大风天气易发生枣树折枝的现象,不仅减少当年的产量,同时破坏树形,留下的伤口若不及时处理,往往导致干腐,形成树洞,直接影响枣树以后的生产能力。

(4)风害的防御

1)在枣区建立防风林带,林带结构以矩形断面乔灌混交的透空林带为宜。

2)大面积枣园,外围枣树的行向应和主风向垂直,株行距亦可适当缩小,以提高抗风能力。

3)合理修剪,调节树势,确保主枝对侧枝、侧枝对单位枝的主导优势,以防风折。

13.2.3 阴雨

阴雨是指出现在初春或深秋时节,接连几天阴雨连绵、寡照的天气。其主要特点是温度低,日照少,雨量并不大,但影响大枣正常生长发育,并促使各类病虫害的发生。

(1)连阴雨与病虫害

连阴雨天气使空气相对湿度持续偏大,有利于病虫害的发生发展。4—5月份雨日多时,枣尺蠖、枣黏虫等孵化率高,虫口密度增加。

(2)花期阴雨

花期阴雨连绵或暴雨,均可造成危害,一是雨滴的机械作用,打伤花部器官;二是雨水降低柱头黏液和花部器官原生质的浓度，影响开花、受精，增大了落花率。花期降水，多伴随着气温下降，导致落花、落果率增加。

(3)果期阴雨

果实变色或变红期间，若遇连阴雨天气，容易形成裂果或浆果。特别是果前期干旱，而白熟期突然降雨，易造成大批裂果或浆果。

1)裂果

持续阴雨天气空气湿度大，降低了枣树的蒸腾作用，加之土壤水分过饱和，果实导管内压加强，果肉细胞体积快速增大，导致外果皮裂口，形成裂果。

2)浆果

枣成熟期一旦多雨，将造成大量浆果，使果肉成糊状，糖分酸化，营养物质被分解，出现酒、醋味，以致风味丧失，经济价值降低。

13.2.4　冰冻

冰冻害多在冬、春寒冷的季节发生。

遇雨雪冰冻天气，枣树枝干上往往被冻上一层玻璃状的冰层，该冰层随着气温的下降、雨雪的持续而逐渐加厚，使枝条在超负载下弯曲下垂，甚至和地面相接。一旦风力加大，往往造成断枝、折枝，可导致部分木质化不充实或抗寒能力较弱的品种，枝条枯死。

出现冰冻天气后，白天气温升高时，可用木杆轻轻击打主枝，令冰层剥落，以免造成断枝、折枝。

13.2.5　冰雹

在夏、秋季常出现短时冰雹，造成果树断枝、落果，直接影响产量。

冰雹来临前，做好枣枝加固、人工消雹工作。

13.3　枣树物候期病虫害及防治措施

13.3.1　病害

(1)枣锈病

枣锈病是枣树主要病害之一，发生时被害植株枣叶提前脱落，影响光合作用的进行，果实未熟先落，不仅影响当年产量，还造成翌年树势衰弱、抗逆性降低。

枣锈病的发生与土壤、水分、大气湿度密切相关。7—8 月连阴雨天气是发病的必要条件。如 7—8 月降水量少于 150 mm，发病轻；降水量在 250 mm 左右，发病重；降水量在 330 mm 以上，发病成灾。水浇地比沙岗地发病早、发病重，避风处枣树发病重于通风处。

防治措施

1)加强冬季管理

冬季清除落叶，并集中烧毁，以减少病源菌。

2) 喷施农药

重病区在 7 月上旬及 8 月上旬各喷一次 1：2：200 倍波尔多液，或绿得保 500～800 倍液、保果灵 300～500 倍液；轻病区在 8 月中旬喷 1 次即可。

(2)枣焦叶病

枣树感病后，叶片出现灰色斑，进而转褐，斑与斑连接导致顶端、外缘向内焦枯，枣吊顶端坏死。后期病叶发黄早落，幼果瘦小、早落，严重的导致二次发芽，影响树势和产量。

枣焦叶病的发生和流行与气温、空气相对湿度有密切的关系。5 月上旬，林间平均温度达到 21 ℃、空气相对湿度超过 60%时，越冬的病原菌开始为害新生枣吊，成为发病中心；6 月中旬，林间平均温度在 25 ℃左右，病叶上升 1%；7 月，林间平均温度达 27 ℃、空气相对湿度在 75%～80%时，为病原菌流行盛期；8 月中旬以后，枣叶感病率下降，但二次萌发的新叶感病率高；9 月上中旬感病停止。

防治措施

1)加强冬季管理

冬季清除落叶，并集中烧毁，以减少病原菌。

2)喷施农药

从 6 月上旬开始，每半月喷一次抗枯宁 500 倍液，或叶枯净 500 倍液，连喷 3 次。

13.3.2　虫害

枣树的虫害主要有枣尺蠖、枣芽象甲、枣黏虫、枣瘿螨等，以幼虫为害枣树的嫩芽、叶、花蕾、幼果为主，虫口密度大时，能将成片枣树嫩芽吃光，导致二次萌发，使产量大幅度降低，甚至绝收。

防治措施

以人工防治和生物防治为主，严重时可以采取化学防治，主要措施为：

1)深翻园土

结合冬管，深翻枣园，消灭越冬害虫。

2)保护天敌

利用益鸟、益虫，降低虫口密度。

3)杆击法

在幼虫发生期，利用其假死性，以木杆击打枣枝，使幼虫落地，进行人工捕杀。

4)药环毒杀

在成虫羽化前，于树干中下部刮去老树皮，绑宽 20 cm 的塑料薄膜一圈，用 2.5%溴氰菊酯 1000 倍液浸过的毒草绳捆绑，使害虫中毒而死。

参考文献

陈贻金，等. 1991. 中国枣树学概论[M]. 北京：中国科学技术出版社.

陈贻金，等. 1993. 枣树实用新技术[M]. 北京：中国科学技术出版社.

高新一，马元忠，李占林. 2007. 枣树高产栽培技术[M]. 北京：金盾出版社.

国家气象局. 1993. 农业气象观测规范(上、下卷)[M]. 北京：气象出版社.

河北农业大学. 1980. 果树栽培学各论 [M]. 北京：农业出版社.

吕国强. 2008. 主要农作物重大病虫防治手册[M]. 郑州：河南科学技术出版社.

夏树让，孙培博，欧广良. 2008. 优质无公害鲜枣标准化生产新技术[M]. 北京：科学技术文献出版社.

第 14 章　桃　树

桃树是蔷薇科落叶乔木，原产于我国西北地区的甘肃、新疆、陕西等地，是我国最古老的果树种类之一，至今已有 4000 多年的栽培历史。我国桃树的分布范围在北纬 23°～45°之间，河南省是我国桃树栽培的 5 大地区之一，果实成熟期集中在 6—8 月份，除鲜食外，可加工成桃干、桃酱、桃汁和罐头等食品，桃树的根、皮、枝、叶、花、果和种仁均可以入药。由于桃树的用途广，味道鲜，近 10 年来，桃树的栽培面积和产量成倍增长，栽培区域不断扩大。

14.1　桃树物候期气象条件与管理措施

桃属喜温性的温带果树树种，适应性较强。适宜的年平均气温为 8～14 ℃。大多数品种以生长期内月平均气温达 24～25 ℃时，产量高、品质好。冬季通过休眠阶段时，需要 0～7.2 ℃的低温 750～1250 h。低温时数不足，休眠不能顺利通过，常引起萌芽、开花推迟且不整齐，甚至出现花芽枯死脱落的现象。不同品种间低温需要量有较大的差异。花期要求日平均气温≥10 ℃，如最低气温降至－3～1 ℃时，花器就容易受到寒害或冻害。

桃性喜干燥和良好的光照，要求较低的空气湿度和土壤湿度。花期阴雨天多，影响授粉、受精和坐果；果实成熟前雨水多，果实品质降低，且常引起裂果。光照充足时，树势健壮，枝条充实，花芽形成良好；光照不足时，冠层内枝条多易枯死，致结果部位很快外移。

桃最不耐水涝，适宜在排水良好的壤土或沙壤土地上生长。土壤也不宜过黏或过肥，若水分过大，会出现树体徒长不易控制，且易诱发流胶病。桃耐旱性极强，其需水量是许多果树中最低的一种。

14.1.1　萌芽期(花芽膨大期—露萼期—露瓣期)

春季花芽开始膨大，鳞片开始松包；花萼由鳞片顶端露出；花瓣由花萼中露出。

(1)适宜气象条件

1)日平均气温在 1.7～6.6 ℃，阴雨天气少，树冠结构合理，通风透光良好，可促进花芽的分化。

2)光照充足，一般日照百分率达 60%左右，果树能正常生长。

3)土壤相对湿度保持在 60%～80%。

(2)不利气象条件

1)若雨水太多，形成积水，土壤相对湿度超过 80%时，造成枝条发育不充实，易患根腐病，使桃树窒息死亡。

2)当最低气温降至－1.8 ℃左右时，花芽开始受冻；低于－2.7 ℃时，大部分花芽会冻死。

3)光照不足影响花芽分化。

14.1.2　初花期—盛花期

(1)适宜气象条件

1)开花期的最适温度为日平均气温 12～14 ℃,日平均气温≥10 ℃时,才能授粉受精。

2)充足的光照。日照百分率达 60%以上。

(2)不利气象条件

1)花期风速过大容易使花粉干缩,影响传粉、受精,使坐果率下降。

2)花期不宜多雨,若遇连阴雨天气,将导致严重减产。

3)日平均气温≤10 ℃时,花粉管伸长受阻不能受精,影响坐果。最低气温降至－3～－1 ℃时,花器易受寒害或冻害。

(3)管理措施

1)人工疏花

一般在蕾期和花期进行。先疏结果枝基部花,留中、上部花;中、上部要疏双花,留单花;预备枝上的花全部疏掉。

2)灾害补救

大风、低温、连阴雨等灾害天气过后,要喷施适量赤霉素 G 激活雄蕊,尽量弥补自然灾害造成的损失。

14.1.3　谢花期

(1)适宜气象条件

1)日平均气温 18～20 ℃。

2)光照充足。日照百分率达 60%以上。

(2)不利气象条件

日平均气温≤15 ℃时,果实品质较差,最低气温低于 0 ℃时受冻害。

(3)管理措施

生长季修剪是达到早成形、早结果、早丰产的关键措施。要根据树势及时修剪,平衡各枝组的生长,使各枝组不重叠、不交叉,果子得到较多光照。

14.1.4　果实膨大期

(1)适宜气象条件

1)日平均气温 25～30 ℃,月平均气温 25 ℃左右时,产量高,品质好。

2)土壤相对湿度保持在 60%～80%。

3)光照充足、微风条件下,能增强光合作用,有利于养分和水分的吸收。

(2)不利气象条件

1)当土壤相对湿度低于 50%时,会造成落果,影响产量。

2)光照不足,落花落果多。

(3)管理措施

1)排水

注意雨季排水，做到雨停无积水。

2)疏果

疏果通常在第 2 次落果后，坐果相对稳定时进行，在硬核期开始时完成。坐果过多时，于谢花后一周进行第 1 次疏果。早熟品种可以适当早疏，晚熟品种可以适当晚疏。疏果按由上而下、由内向外的顺序进行，先疏掉萎黄果、小果、畸形果、并生果、病虫果、果枝基部果。留果量应根据历年产量、当年的生长势、坐果情况而定，一般是应留果量的 3 倍左右。

3)防治病虫害

加强蚜虫、细菌性穿孔病、红蜘蛛等病虫害的防治。选择吡啉、中生菌素和田螨嗪等药物效果较好。喷药时加 0.3%光合微肥，保证叶片完好，旺盛生长。谢花后幼果形成期主要防治桃炭疽病、褐腐病。

14.1.5　硬核期

通过对果实的解剖，从果核开始硬化(内果皮由白色开始变黄、变硬，口嚼有木渣)到完全硬化为硬核期。

(1)适宜气象条件

1)日平均气温 18～24 ℃。

2)土壤相对湿度保持在 60%～70%。

(2)不利气象条件

1)土壤相对湿度超过 80%，枝叶生长过旺，易造成落果。

2)硬核初期及新梢迅速生长期，遇干旱缺水，则会影响枝梢与果实的生长发育。当土壤相对湿度降到 60%时，叶片出现凋萎现象；当土壤相对湿度低于 50%时，将导致严重落果，影响产量。

(3)管理措施

1)追肥

根据桃树的生长状态，及时补肥，在果实成熟前 15～20 d 追施速效性复合肥，一株桃树施硫酸钾复合肥 0.2～0.5 kg，浅沟撒施，保证果实生长所需养分。

2)病虫防治

套袋前每隔 10 d 左右防治病害及臭象、桃蛀螟等虫害各 1 次，套袋后至成熟前防治刺蛾和红蜘蛛。

3)浇水

硬核期虽然果实生长缓慢，但种胚处在迅速生长期，如果有 50%的果实生长停滞，应浇小水，防止大水漫灌。

14.1.6　果实成熟期

(1)适宜气象条件

1)日平均气温 28～30 ℃。

2)土壤相对湿度保持在 60%～80%。

3)果实成熟期昼夜温差大，空气湿度低，日照充足，干物质积累多，品质好。

(2)不利气象条件

1)日平均气温超过 30 ℃时，会影响桃树的正常生长，枝干容易被灼伤，果实品质下降。若温度过低，则树体发育不正常，果实不易成熟。

2)土壤相对湿度低于 60%时，会降低新陈代谢作用，细胞生长受到抑制，同时叶片的同化作用也受到影响，减少营养物质的累积。

3)风速过大易造成大量落果，果枝折断。

(3)管理措施

桃子果实成熟期正处于盛夏时期，叶片的蒸腾量较大，因此，若遇干旱应适量灌水，以促进果实膨大和成熟。采用沟灌或浇灌畦面 1～2 次，切忌大水漫灌。

14.1.7　休眠期

此阶段果树生长为来年结果储备养分。

(1)适宜气象条件

1)冬季休眠时，须有一定时期的低温，此时桃树一般需要日平均 0～7.2 ℃的低温 750～1250 h 后，花芽、叶芽才能正常发育。

2)保证土壤有充足的水分，土壤相对湿度保持在 50%～70%，以利于桃树的安全越冬。

(2)不利气象条件

1)秋雨过多，土壤黏重，桃树根颈部积水或水分过多，昼夜冻融交替易发生颈腐病。

2)冬季日最低气温在－23 ℃以下时易发生冻害。

(3)管理措施

1)深施有机肥

一般每株成年树施农家肥 50～75 kg，每株初结果树施农家肥 25～50 kg。在桃树生长停止以后至落叶前，把已发酵腐熟的农家肥挖坑施下，施用方法有半环状和放射状，撒施翻土压下。落叶后深施基肥，浇封冻水。

2)冬剪

为保持树势中庸偏旺、增加树体营养积累而进行冬剪。冬剪只疏过密枝，不短截，春季复剪时短截。

3)防虫防冻

冬季树体喷波美 3°～5°石硫合剂。

4)深翻

每年秋冬季节应把土壤深翻一次。

14.2　桃树物候期农业气象灾害及防御措施

14.2.1　主要农业气象灾害

(1)大风、低温、阴雨

花期大风容易使花粉干缩，影响传粉、受精，使坐果率下降。春季大风还常伴有低温，使花粉在柱头上发芽停止或发芽率降低，影响坐果。阴雨天昆虫不活动，影响传粉，降雨还易造成落花，影响成果率。

(2)冰雹

冰雹常砸坏果树,是一种严重的气象灾害。冰雹直径越大,破坏力越大。果树遭冰雹袭击后,轻者减产,重者当年绝收。

(3)雨涝

渍涝对桃树生长危害较大,幼树淹水超过 24 h 可致植株受害,因此宜选择排水良好、土层深厚的沙质微酸性土壤种植桃树。

果树受涝害较轻时,表现为叶片萎蔫,早期落叶、落果,细根死亡、大根腐烂,随渍涝时间延长,进一步出现枝干木质部变色、叶片失绿、枝枯、植株萎蔫直到死亡。

(4)干旱

桃树在休眠期耗水少,当树叶长成和坐果之后,耗水明显增多。到生长末期,耗水又减少。在冬季低温季节,其蒸腾耗水也明显降低。

若春季萌芽时水分不足,桃树常延迟萌芽或发芽不整齐,影响新梢的正常生长。花期干旱常引起落花落果。新梢生长期由于枝叶旺盛生长,需水量大,对水分反应最为敏感,称为需水临界期。当土壤相对湿度降到50%～60%时,叶片出现凋萎现象,将导致新梢过早停长,叶面积缩小,光合产物减少,引起当年碳素营养亏缺。果实膨大期土壤相对湿度低于50%～60%会造成落果,抑制果实生长;土壤相对湿度低于40%时,将导致严重落果,影响产量。

(5)倒春寒

倒春寒是影响桃树生长的主要农业气象灾害。早春低温阴雨,桃树还未进入开花授粉期,对外界环境的适应能力亦较强。过了春分尤其是清明节后,气温明显上升,陆续进入开花授粉期,抗御低温阴雨能力大为减弱,若这时出现倒春寒天气,当日平均气温低于 12 ℃,持续时间在 3 d 以上时,桃树开花坐果率降低。

14.2.2 防御措施

(1)由于春季气温不稳定,花期容易受低温影响,不宜种植花期早的品种,最好选用 7 月份成熟的品种。

(2)为了防范大风的影响,可以采用建防护林或者防护墙等措施。

(3)花期大风、低温、连阴雨等农业气象灾害影响开花授粉,灾害天气过后,可喷施适量赤霉素 G 激活雄蕊,弥补灾害造成的损失。

(4)春季易旱、夏季易涝,应建设良好的排灌设施,加强水分管理。

(5)加强冰雹灾害预警,及时组织人工消雹,避免或减轻灾害损失。

14.3 桃树物候期主要病虫害及防治措施

14.3.1 病害

(1)流胶病

桃树流胶病(见图 14.1 及附彩图 14.1)是常见的生理性病害,发生流胶后树势严重削弱,骨干枝易折断,以致树冠残缺不全,早衰,结果年限缩短。

图 14.1 桃树流胶病

防治措施

1)早春桃园应加强开沟排水,防止渍害,注意土壤改良。

2)早春发现流胶病后,可用刀刮去胶块,随即用医用紫药水涂抹流胶部位及伤口,隔 10 d 左右再涂一次,防效显著。

3)对流胶树小枝通过修剪除去枝干上的流胶,也可以先将病部刮除干净,然后用波美 4°～5° 石硫合剂消毒,再用接蜡等保护剂涂抹。

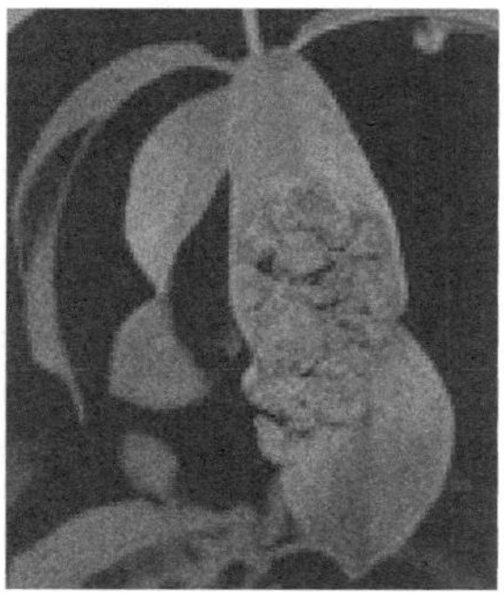

图 14.2 桃树缩叶病

(2)缩叶病

早春桃树萌芽时,桃树缩叶病的越冬孢子萌发,由叶背或叶面表皮侵入叶内,或经皮孔侵入嫩芽中,进行初次侵染。侵入叶片内的病菌菌丝,在表皮细胞下和栅栏组织的细胞间蔓延,使病叶肥厚、皱缩、变色(见图 14.2 及附彩图 14.2)。在桃树萌芽时如遇连续阴雨天气则发病较重。不同品种有差异,早熟品种发病较重。

防治措施

桃树花瓣露红(未展叶)时喷一次波美 4°～5°石硫合剂或 100 倍等量式(即硫酸铜、生石灰和水的比例为 1∶1∶100)波尔多液。在 5 月下旬喷 50%代森锌 300～500 倍液 1～2 次。

(3)炭疽病

幼果感染炭疽病后很快干枯成僵果;较大的果实发病后病斑凹陷、褐色,潮湿时产生粉红色黏质物,病果很快脱落,或全果腐烂并失水成为僵果(见图 14.3 及附彩图 14.3)。枝条发病主要发生在早春的果枝上,病斑褐色,长圆形,稍凹陷,伴有流胶,天气潮湿时病斑上也密布粉红色孢子,当病斑环绕枝条一圈后,枝条上部枯死,未枯死部分的叶片萎缩下垂,并向正面卷成管状。

防治措施

萌芽期喷洒 1～2 次 1∶1∶100 倍波尔多液(展叶后禁用)。从开花后开始,用锌铜石灰液(硫酸锌 350 g、硫酸铜 150 g、生石灰 1 kg、水 100 kg),每 7～10 d 喷一次,连续喷 3～4 次。

图 14.3　桃树炭疽病

14.3.2　虫害

(1)小食心虫

又名桃蛀果蛾。成虫体灰白或灰褐色，雌虫体长 5～8 mm，翅展 16～18 mm，雄虫略小。春季平均气温约 16 ℃，地温约 19 ℃时开始出土，一般发生 1～2 代(见图 14.4 及附彩图 14.4)。

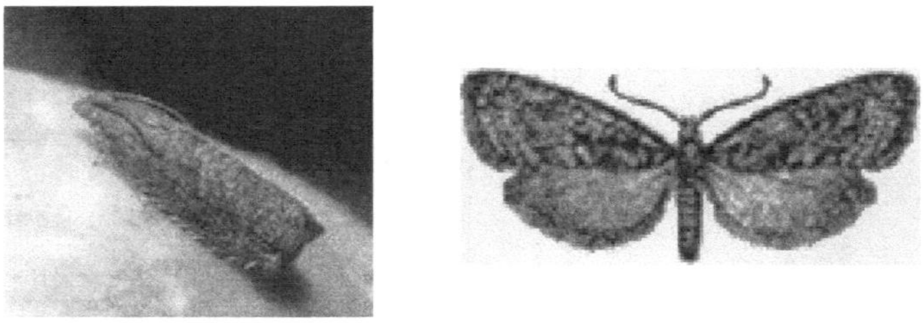

图 14.4　桃树小食心虫

防治措施

冬、春季至萌芽前刮除老皮和翘皮中的越冬幼虫，并集中烧毁。人工剪梢，即时将虫梢烧毁，消灭第 1,2 代幼虫。当出土幼虫达 5%时，进行地面喷施，用 800 倍 48%毒死蜱，或 200 倍 50%地亚龙乳剂。发现少量成虫时喷洒 1500 倍 25%天达灭幼脲 3 号，或 2000 倍天达虫酰肼药液，每 10～15 d 喷一次，连续喷 2～3 次。

(2)桃蚜

为害桃树的蚜虫为桃赤蚜和桃粉蚜。1 年可发生多代，以卵越冬。一般在桃芽抽发后开始繁殖为害。在 3 月中下旬开始孤雌生殖，5—6 月产生有翅蚜越夏，10 月迁回桃树，性蚜交尾产卵越冬。见图 14.5 及附彩图 14.5。

防治措施

萌芽前喷 5%柴油乳剂；盛花期用“桃蚜净”对主枝环涂 20 cm，涂后用塑料布包扎紧，35 d 后解掉，涂一次可控制一年，每亩用药 0.5～1 kg，使用时用原液涂抹，不用刮皮。在蚜虫为害盛期喷 50%辛硫酸乳剂 2000 倍液防治。

(3)桑白蚧

桑白蚧又名桑盾蚧、桃介壳虫，是南方桃、李树的重要害虫，以雌成虫和若虫群集固着在枝干上吸食养分，严重时灰白色的介壳密集重叠，使枝条表现凹凸不平，树势衰弱，枯枝增多，甚

图 14.5 桃蚜

至全株死亡。若不加有效防治，3～5 a 内可将全园毁灭。一年发生 3 代，以雌成虫在树干上越冬。第 1，2，3 代卵孵盛期分别为 4 月上、中旬；6 月下旬—7 月上旬，8 月下旬—9 月上旬。见图 14.6 及附彩图 14.6。

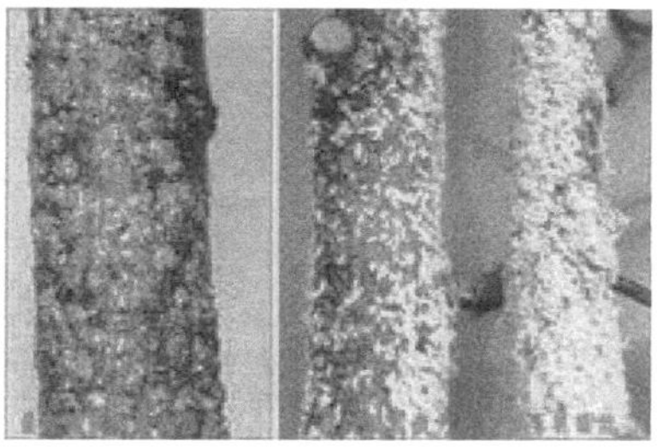

图 14.6 桃树桑白蚧

防治措施

芽前先人工刮除越冬虫体，而后喷施 5%柴油乳剂或波美 5°石硫合剂。在果树生长期，抓住若虫孵化期和雄虫羽化期，喷施波美 0.3°～0.5°石硫合剂。

(4)红颈天牛

桃树红颈天牛(见图 14.7 及附彩图 14.7)属鞘翅目，天牛科。体黑色，有光亮；前胸背板红色，背面有 4 个光滑疣突，具角状侧枝刺；鞘翅翅面光滑，基部比前胸宽，端部渐狭；雄虫触角超过体长 4～5 节，雌虫超过 1～2 节。体长 28～37 mm。红颈天牛两年发生 1 代，以幼虫在寄主枝干内越冬。成虫于 5—8 月间出现，各地成虫出现期自南至北依次推迟。

图 14.7 桃树红颈天牛

防治措施

1)利用成虫午间静息习性,震落捕捉。

2)在主枝、主干上涂白防止成虫产卵。

3)在有虫粪排出的蛀孔处,先挖出虫粪,再塞入1粒磷化铝片,然后用泥封口。

(5)线潜蛾

成虫体长3～4 mm,翅展约8 mm,体及前翅银白色;前翅狭长,先端尖,附生3条黄白色斜纹,翅先端有黑色斑纹;前后翅均具灰色长缘毛。一年发生6代,以幼虫在茧内越冬。各代成虫盛发期分别为:4月中下旬、5月中下旬、6月中下旬、7月中旬、7月底—8月上旬、8月下旬—9月上旬。见图14.8及附彩图14.8。

图14.8　桃树线潜蛾

防治措施

1)早春结合剪除枯枝、刮除粗老树皮,涂抹波美5°石硫合剂,以减少越冬虫源。

2)在桃树花后展叶初期,即第1代幼虫孵化盛期和6月上旬第2代幼虫孵出盛期,喷多虫清3000倍液。

(6)红蜘蛛

红蜘蛛(苹果全爪螨、山楂叶螨)俗称大蜘蛛、大龙、砂龙等,学名叶螨,我国的种类以朱砂叶螨为主,属蛛形纲蜱螨目叶螨科。发生规律:一年发生多代,以卵或雌成虫越冬,发生为害高峰期为4—8月。高温干旱有利于螨类发生。

防治措施

可在6月初喷20%三氯杀螨醇乳油1000～1500倍液,或波美0.02°石硫合剂。后期如再有发生,可重喷1次。

参考文献

吕国强.2008.主要农作物重大病虫防治手册[M].郑州:河南科学技术出版社.

马之胜.2003.桃优良品种及无公害栽培技术[M].北京:中国农业出版社.

王国平.2007.桃大棚早熟丰产栽培技术[M].北京:金盾出版社.

阎永齐.2006.桃树栽培技术[M].江苏:江苏科学技术出版社.

朱更瑞.2003.桃树种植经营良法[M].北京:中国农业出版社.

附彩图 1.1　小麦条锈病

附彩图 1.2　小麦白粉病

附彩图 1.3　小麦纹枯病

附彩图 1.4　小麦赤霉病

附彩图 1.5　麦蚜虫

附彩图 1.6　小麦吸浆虫

附彩图 2.1　玉米青枯病

附彩图 2.2　玉米小斑病

附彩图 2.3　玉米大斑病

附彩图 2.4　玉米褐斑病

附彩图 2.5　玉米螟

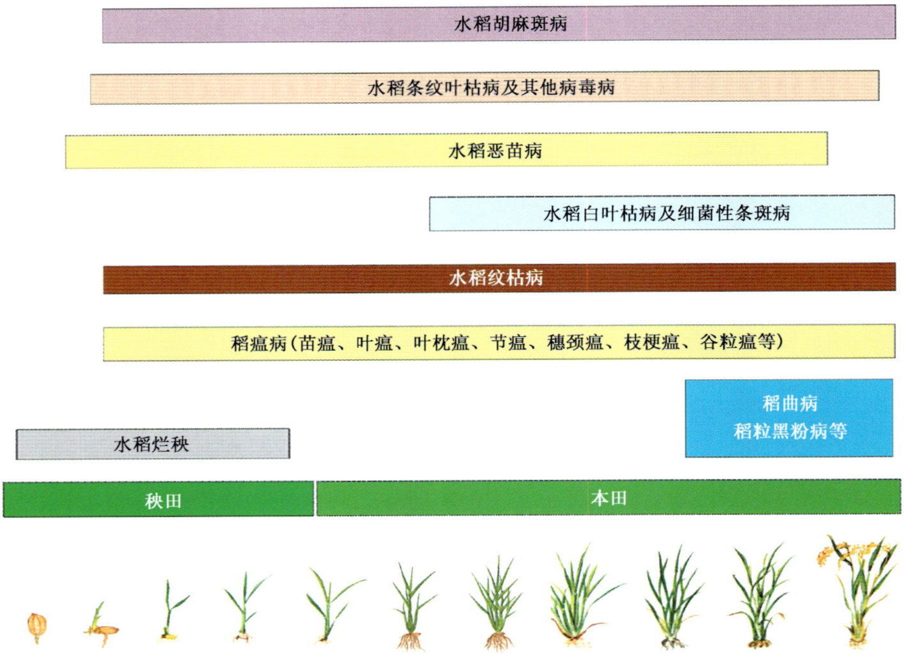

附彩图 3.1　水稻主要病害

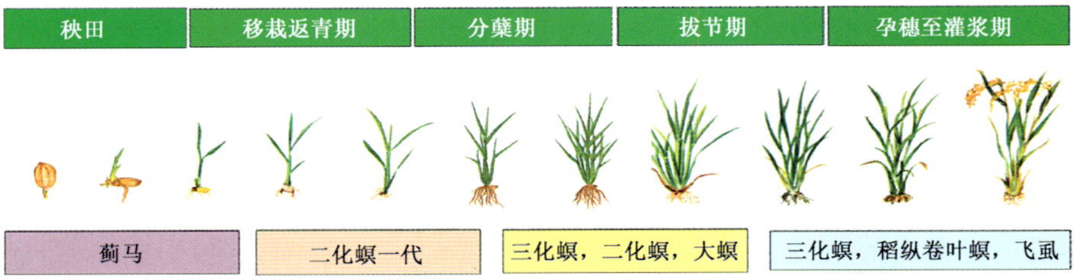

附彩图 3.2　水稻主要虫害

附彩图 3.3　稻曲病

附彩图 3.4　稻瘟病

附彩图 3.5　水稻纹枯病

附彩图 3.6　水稻白叶枯病

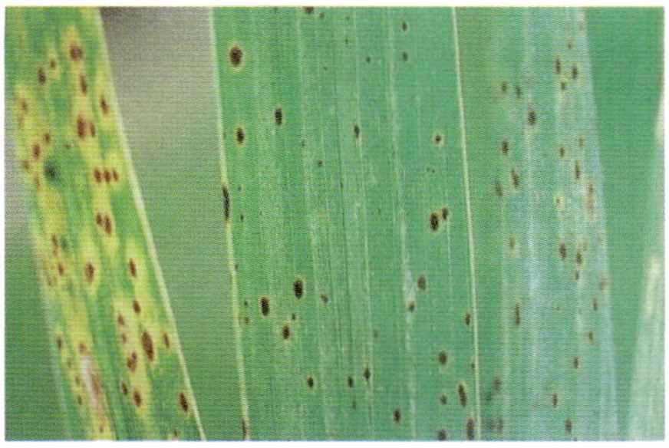

附彩图 3.7　水稻胡麻斑病

附彩图 3.8　稻蓟马

附彩图 3.9　二化螟

附彩图 3.10　三化螟

附彩图 3.11　大螟

附彩图 3.12　稻纵卷叶螟

灰飞虱

褐飞虱

白背飞虱

附彩图 3.13　稻飞虱

附彩图 5.1　棉花枯萎病

附彩图 5.2　棉花黄萎病

附彩图 5.3　棉花烂铃(成兆金提供照片)

附彩图 5.4　棉蚜

附彩图 5.5　棉铃虫

附彩图 5.6　棉盲蝽象

附彩图 6.1　芝麻枯萎病

附彩图 6.2　芝麻茎点枯病

附彩图 6.3　芝麻青枯病

附彩图 6.4　芝麻疫病

附彩图 6.5　芝麻螟蛾

附彩图 6.6　芝麻天蛾幼虫

附彩图 6.7　芝麻天蛾成虫

附彩图 6.8　芝麻天蛾幼虫蚜虫

附彩图 6.9　芝麻小地老虎

附彩图 7.1　炭疽病

附彩图 8.1　牡丹灰霉病病叶

附彩图 8.2　牡丹褐斑病

附彩图 8.3　牡丹紫纹羽病

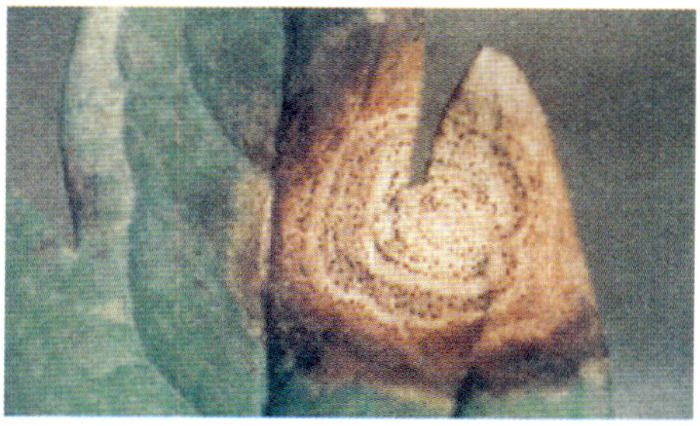

附彩图 8.4　牡丹炭疽病

附彩图 10.1　怀山药炭疽病

附彩图 10.2　怀山药斑纹病

附彩图 10.3　怀山药褐斑病

附彩图 10.4　山药叶蜂

附彩图 11.1　茶叶云纹叶枯病

附彩图 11.2　茶叶炭疽病

附彩图 11.3　茶叶轮斑病

附彩图 11.4　茶叶圆赤星病

附彩图 11.5　茶叶藻斑病

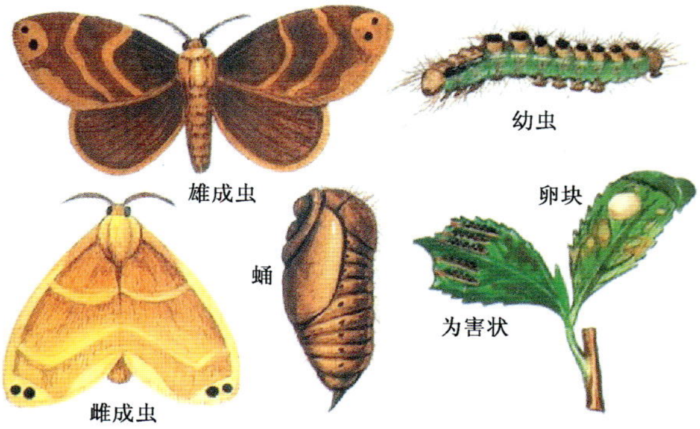

附彩图 11.6　茶毛虫

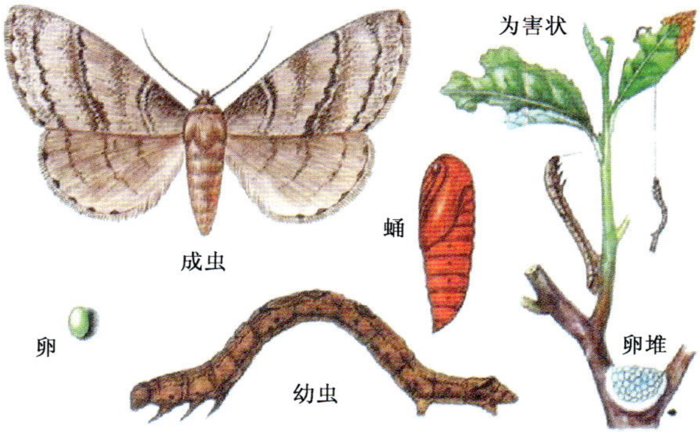

附彩图 11.7　茶尺蠖

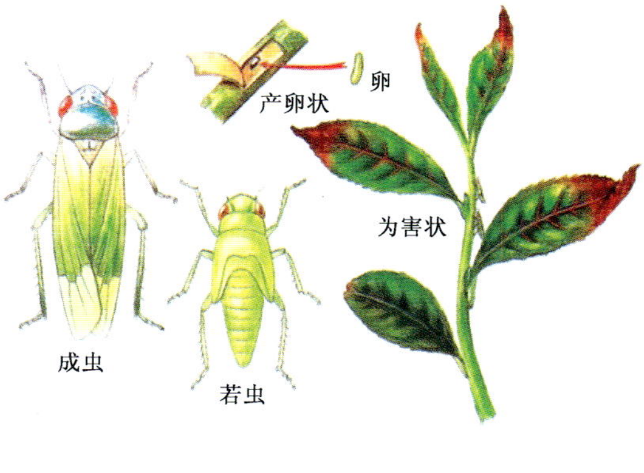

附彩图 11.8　茶叶假眼小绿叶蝉

附彩图 12.1　苹果树溃疡型腐烂病

附彩图 12.2　苹果树枝枯型腐烂病

附彩图 12.3　苹果枝干轮纹病

附彩图 12.4　苹果果实轮纹病(韩文璞拍摄)

附彩图 12.5　苹果白粉病

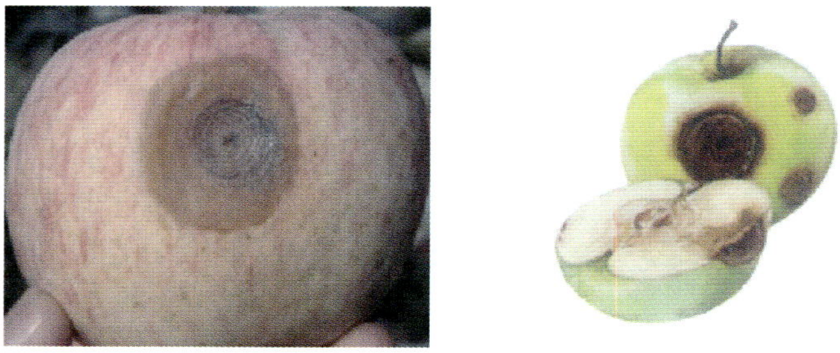

附彩图 12.6　苹果炭疽病

附彩图 12.7　苹果小食心虫

附彩图 13.1　新郑灰枣

附彩图 13.2　新郑鸡心枣

附彩图 14.1　桃树流胶病

附彩图 14.2　桃树缩叶病

附彩图 14.3　桃树炭疽病

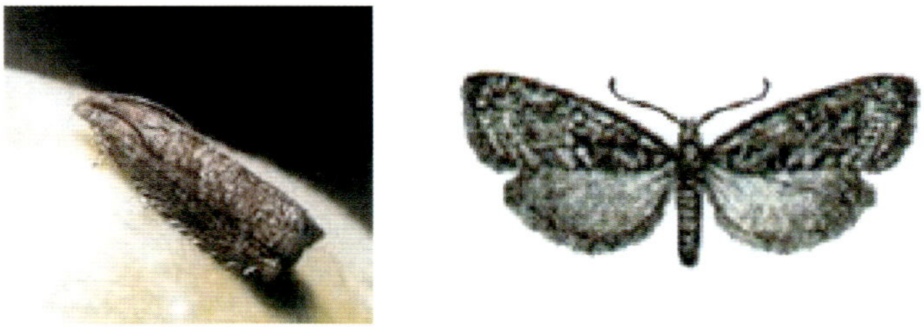

附彩图 14.4　桃树小食心虫

附彩图 14.5　桃蚜

附彩图 14.6　桃树桑白蚧

附彩图 14.7　桃树红颈天牛

附彩图 14.8　桃树线潜蛾